北京卫视大型家装改造真人纪实节目

暖暖的新家

小户型的设计挑战

《暖暖的新家》栏目组　编

江苏凤凰科学技术出版社

前　言

《暖暖的新家》是北京卫视的家居设计改造类生活纪实节目，以"服务百姓安居梦，改造新家暖人心"为初衷，设计改造的不仅是一所房子，而是一个家、一种生活方式。

房子是生活故事发生的空间，设计则是关于人与人、人与空间、人与物关系的问题解决方案。《暖暖的新家》节目中的民居设计改造遵循"适合、适度、适用"的原则，不是为了把普通民居变成"豪宅"，而是运用设计师的智慧将其改造成宜居的生活空间，突出因地制宜、因人制宜，提高民居的审美品位与居住体验，体现"美学服务生活，设计改变生活"的理念，以良好的家居设计来改变人们的生活理念和生活方式，进而引导、提升观众的生活审美意识。因此，在《暖暖的新家》节目里，出现过胡同、单元房、筒子楼、地下室、农房、弄堂、山区学校等形式多样的房子，覆盖了中国人普遍存在的住房类型。设计师则把空间的利用率发挥到最大化，展现了因地制宜、低碳家居、智慧生活的各类家居空间设计解决方案，为民居设计改造提供了成功示范。

《暖暖的新家》以公益设计的方式，倡导更环保的生活方式和基于绿色生态的旧物改造，帮助受助家庭培养新的生活价值观，好设计让生活更加阳光、更加健康、更加快乐。设计师对人文性关怀的功能体现，更加凸显了设计的社会价值所在。同时，鼓励人人都能成为自己生活的设计师，用力所能及的小改变来提升生活的美学品质。《暖暖的新家》作为一档生活服务节目，也是一档民生设计节目，更是一种很好的生活美学普及传播与教育的方式，都体现出设计服务民生、促进文化发展的价值导向。旧屋设计改造范例，伴随《暖暖的新家》节目的播出，得到越来越多的关注，许多优秀的设计师也传递出越来越多的爱心和社会责任。

《暖暖的新家》通过多样化的空间设计方式，让旧房屋特别是小户型家居的生活空间得到有效改善，满足"住有所居，居有善屋"的基本生活需求，经过建筑结构安全加固、室内空间合理布局、充分利用"时间差"概念、可移动家具、集合收纳、绿色环保等设计方法，明显改善了旧屋的居住生活条件，让小户型空间释放出更多的生活空间，缓解小户型多人口的居住状态，让好的家居设计成为改善居民生活条件的重要方式。

为此《暖暖的新家》栏目组将优秀的《暖暖的新家》设计方案集结成册，将不同类型的设计图纸公开，并完善形成模块化、标准化、产品化的家居空间设计组合方案，让更多家庭参照不同户型、不同空间结构的民居装修设计方案，共享好设计带给家居生活的好处。

北京国际设计周组委会办公室副主任
曾辉

目 录

01

导演 冯乐 毛书钊

零通风、零采光的家

60 平方米的小院变身为四室一厅两厨两卫的新派四合院

北京西兴隆街 93 号院 /60 平方米的小院 /
三位年近古稀的老人

梁建国　国际著名设计师

中国陈设艺术专业委员会执行主任。20 世纪 80 年代，与合伙人一道创建集美组。2006 年，与业内专家共同创办中国陈设专业委员会。设计主张：为客户解决问题，艺术生活化，生活艺术化。历年来荣获众多荣誉，连续三年获得素有"室内设计奥斯卡"之称的安德鲁·马丁奖，被评选为全球著名室内设计师之一。2014 年 11 月，与其他知名设计师携手成立"创想公益基金会"。

代表作品：北湖九号、故宫文化馆紫禁书院、重庆云会所、南京中航樾府会所等。

北湖九号

上海佘山高尔夫会所贵宾厅

故宫文化馆紫禁书院

大师之家

三位老人居住在仅有 15 平方米的阴暗、潮湿的房间里

　　还记得那是一个夏日的午后，我们栏目组一行人来到西兴隆街 93 号院。这是一个距离前门仅 500 米的一户独门独院的私宅，从外面看上去，与闹市中其他偏安一隅的小院子没什么区别，只是报名节目的成百上千的房子中的一个备选，但是谁也没有想到，打开门进入院子的那一瞬间，就打破了我们之前对这个房子的所有美好的想象。

　　这座房龄将近 200 年的小院，保留着传统的门窗和石地板，但潮气、霉斑侵蚀了墙壁，墙皮一碰即酥。屋内房梁的碎砖块经常掉落，房屋塞满了各种各样的杂物。如果不是亲眼所见，很难想象这里居然还住着三位老人。

　　这个家庭是哥哥加弟弟、弟媳的组合。姜家大哥，今年 70 岁，年幼时因为一场意外，运动机能受损，走路要依靠拐杖，十几年来与世隔绝，长期靠弟弟和弟媳照顾。然而，随着年龄的增长，弟弟与弟媳也都是年逾花甲、自顾不暇。房子的各种不如意，也给一家人的生活增添了许多困难，但即便如此，夫妇俩还是坚守在这里，几十年如一日地照顾哥哥的生活。

01 屋内的窄窗根本无法开启，门是唯一的通风口，房间里弥漫着发霉的味道。

02、03 小院和屋内的各个角落，堆积了很多闲置的物品。

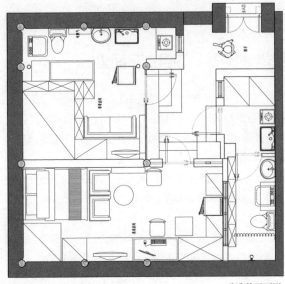

改造前平面图

房屋的自建部分漏雨严重

小院的南侧是自建的卫生间和厨房。每次下雨，是老两口最忙碌的时候。由于漏雨严重，屋顶的塑料布无法承受累积的雨水，老姜只能把它戳破，这样雨水才不会越积越多，每次下雨都能倒掉 10 多桶水。

老两口勤俭持家，不舍得扔东西，屋内杂物堆积，如同仓库

这个占地将近 60 平方米的小院，给设计师提供了广阔的施展空间。因此，所有人都期待着这个房子来个"灰姑娘式"的华丽转变。

然而，尽管先前有着不少与委托人沟通的经验，但在后来的改造过程中，还是遇到了一些棘手的问题，最大的分歧是生活理念。委托人有着自己的一套勤俭持家的理念，曾经是维系一家人生存的法宝，但到了今天，却成为阻碍一家人改善生活居住条件的"罪魁祸首"。这是一种近乎"储物癖"的心理。在这个家里，有 3 辆自行车、5 个水壶、3 台电视机、21 个整理箱，还有若干个柜子、纸箱，大大超过了 60 平方米小院的承载能力。对此，我们只能晓之以理、动之以情，拉上设计师，与心理专家一起，试图帮助委托人解开心结。同时，设计师还拿出房屋平面图，为委托人描绘未来的新生活。最终，在我们的耐心劝导下，装修得以继续进行，老两口也迈出了从心理上转变原有观念、走向新生活的第一步。

01 厨房唯一的操作台长度仅有 50 厘米，在这里甚至无法进行烹饪。

02 房屋老旧，多种动物出没。

支撑百年老屋的柱子底部已被侵蚀成粉末，施工改造过程中意外频发

　　清拆完成后，有将近 200 年历史的房子终于露出了原始的面貌，然而，房子的状况却比想象的还要糟糕。姜家的房子没有柱墩，房间的地面是由回填土填高的，这就意味着可以多出一部分挑高。然而，受潮气侵蚀，柱子的根部已经严重腐蚀，柱墩下方的地基基本失去支撑作用，如果贸然下挖，整个房子则有"釜底抽薪"的危险。于是，工人们先用脚手架支撑起房梁，将柱子悬空，用混凝土浇灌形成新的地基。等新地基完全干燥成型后，再用 PVC 管将柱子下方包住，用无伸缩灌浆料①灌注，这种加固方法使柱子和地基的问题得以全部解决。

　　然而，谁也没有想到的是，还有更大的危机即将来临。就在改造开工不久之后，位于姜家小院后侧的房子也开始拆除工作。然而，邻居家的拆除却导致姜家房子墙体倒塌。虽然当初盖房子时，两家房子之间留了缝隙，但随着时间的推移，缝隙被尘土填满，两堵墙合二为一。为什么墙会如此脆弱？这与当初盖房子的工艺大有关联。墙体受当初施工工艺的限制，再加上两面墙已经合成一堵墙，姜家的北墙已经完全无法承受拆除的工序，因此必然会倒塌！

① 无伸缩灌浆料：以高强度材料做骨料（比如石英砂、金刚砂等），以水泥、灌浆母料等为介质，辅以高流态、微膨胀、防离析等外加剂（比如减水剂）配制而成。无伸缩灌浆料的特点包括：自流性好、快硬、早强、高强、无收缩、微膨胀、无毒、无害、不老化、对水质及周围环境无污染，自密性好、防锈等。在施工方面，无伸缩灌浆料质量可靠，可降低成本、缩短工期。

01 通过混凝土浇灌，形成新的地基。

02 为防止北墙倒塌导致房子倾覆，工人们紧急架起砖柱顶起房梁。

03 两家的墙体已经合二为一。

04 重新砌筑北墙。

解决漏雨问题

为彻底解决漏雨问题，设计师让施工方将姜家所有的自建部分全部拆除，用钢结构和混凝土重新搭建的房子非常坚固，不仅杜绝了安全隐患，屋顶的防水也特别做了处理。整个房顶的凹槽四周全部用油毡做防水处理，并用水泥砂浆做了一个留有坡度的房顶，雨水顺着坡度流到预留的排水口，再顺着管道排出。

解决采光通风问题

通风和采光一直是困扰姜家的大难题，设计师特别在这两个方面做了考虑。改造后的厨房和卫生间都新增了窗户，原来暗无天日的厨房和卫生间将真正实现明厨明卫。

选用新型铺装材料，节省空间和装修时间

设计师专门为这次装修改造挑选了一种新型装修材料——陶瓷纤维板。陶瓷纤维板的最大特点就是薄。一般的瓷砖厚度在1厘米以上，而陶瓷纤维板的厚度仅有5毫米。在铺装上，陶瓷纤维板大大节省了空间，一面墙铺贴陶瓷纤维板可节省至少2厘米厚的空间。陶瓷纤维板铺设时也非常省时，以3平方米的空间为例，铺设普通墙砖需要一天的时间，而铺设陶瓷纤维板仅需要2小时。

05 设计师在西墙和南墙分别开了四个采光口，以解决房子的通风和采光问题。

06 在铺装上，陶瓷纤维板大大节省了空间。

四室一厅的新派四合院

经过 45 天的施工，设计师梁建国倾力打造的 60 平方米新派四合院终于完工了。走进院门，废弃的旧水缸中种上了莲花，清香馥郁，小四合院平添了几分古朴清雅的气息。

原来小院的露天部分重新做了划分，设计师精心挑选了一株象征兄弟和睦、家业兴旺的紫荆树，种在姜家小院，使得院子充满勃勃生机。原有院子的另一部分划分至室内，新隔出的过道与原来弟弟房内的自建部分相连，形成了一个 L 形的室内公共区域。

新建的客厅为一家人的用餐、聚会提供了足够的空间，大面积采用玻璃幕墙，最大限度地引入自然光线。双层钢化夹胶玻璃，保温性能良好，冬天也无须担心保暖问题。坐在沙发上，可以透过玻璃欣赏小院的四季变化。

姜家小院入口

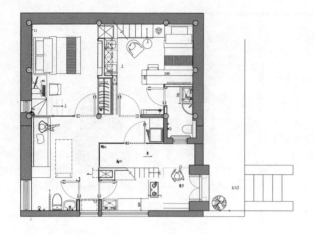
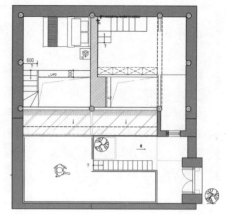

改造后平面图

01 为了避免夏天温度过高，设计师为整个玻璃天窗加装了白色的电动窗帘，用来隔热和防晒。

02 玻璃护栏极大地拓展了空间视野。

从老宅地面挖出的青石板，设计师特意做了保留，放置在通往卧室的入口处。玻璃幕墙内，设计师巧妙地运用了六扇旧门板。青石板和老房门，以"修旧如旧"的方法，在新家中得以保留，使拥有近200年历史的老宅的独特记忆得以延续。

除了为一家人增加公共空间以外，兄弟俩各自的房间都得以保留。室内的空间，以白色、木色为主色调，沉稳大气，却不失自然的韵味。设计师将整个小院的地面全部找平，坐在轮椅上的大哥终于能畅通无阻地通行于各个空间。

设计师精心挑选了一株象征兄弟和睦、家业兴旺的紫荆树。

户主的画作经艺术处理后，与客厅的整体风格协调统一。

　　大哥房间的面积并没有改变，但通过合理的布局，15平方米的房间里卧室、画室、洗手间、小厨房一应俱全，大大提高了居住的舒适感和便捷度。由于回填土的清理，房子的层高得到了释放。设计师特意在大哥的房间中增建了阁楼。楼梯下方的空间打造成储物柜。设计师挑选了大哥20年前的一幅画作，截取一部分，采用特殊工艺制作成一幅装饰画。在设计师看来，大哥自己的画作是其房间最好的装饰品，这对大哥重拾自信非常有帮助。

姜家老两口的卧室，由于为客厅让出了一部分空间，面积相应减少，但储物功能并没有因此而减弱。两个房间中间折线形的隔断，巧妙地利用了空间，使得老两口的房间得以增加一个嵌入式的衣柜。

　　卧室上方有了阁楼，房子的使用面积得到了有效扩展，亲友留宿再也不是难事了。设计师将楼梯最下方的三阶踏步打造成隐藏的柜子，使用时，可以像抽屉一样拉出；不用时，与电脑桌连为一体，大大节省了空间。

　　从客厅可以直接进入厨房，动线更加科学、合理。新厨房功能齐备，便于烹饪各种美食。同时，合理利用厨房外侧楼梯下方的空间，增设料理台面。"蹲在地上剁排骨"的窘境再也不会发生。

　　设计师入户时发现户主喜欢养猫，所以在新房里特别设计了一个宠物餐区。隐藏式的小设计，用脚触碰即可打开，可以适当减少老人弯腰的次数。

在床铺的旁边，设计师为爱画画的大哥定制了一个长2米的画案。

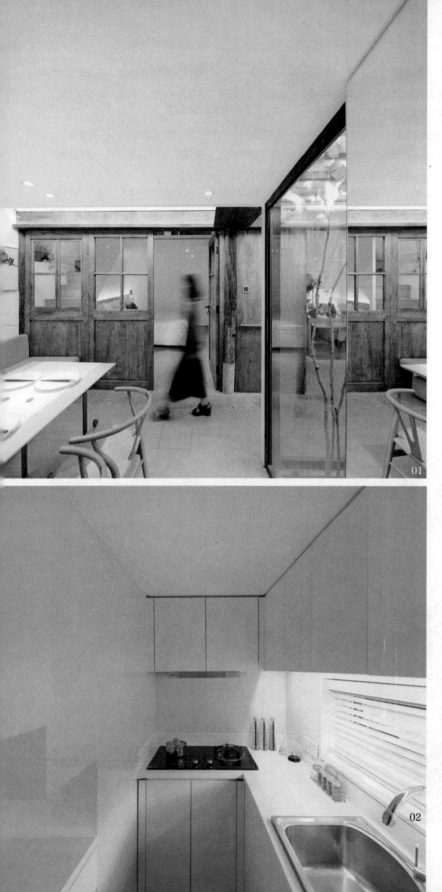

01 新客厅宽敞、明亮且完全独立，举办8人的聚会也没有问题。

02 新开的长条形窗户，不但使厨房更加通透、明亮，还解决了通风问题。

01 留给儿子或者亲友探访时使用的阁楼客房。

02 老两口床铺位置的改变，使得两边都有足够的空间，用来上下床。

03 改造后，设计师将厨房和厕所彻底分离，两个独立的功能区都可以直接从房间内进入。

　　在新盖的厨房外侧，设计师增加了一个户外楼梯，可以到达房顶，为一家人晾晒衣物提供了足够的空间，在小院晾晒衣物影响通行的日子一去不复返。平台地面采用特殊的防水工艺，不会出现雨水淤积的情况。

　　老姜夫妻俩看到自家的房子从曾经的"老大难"摇身一变，化身为一个新派四合院，心里乐开了花；曾经的分歧与误会，也在一瞬间化为理解与感恩。

02

导演　王潇彤

北京遇上米兰

50 平方米的危房打造为艺术殿堂

北京前门地区施兴胡同 /50 平方米的三间老屋 /
丈夫 74 岁、妻子 77 岁

Fabrizio 意大利意思建筑设计公司亚太地区创始人

　　拥有 14 年的设计经验，米兰建筑设计师。毕业前在法国多次进修建筑设计，毕业后一直在米兰从事建筑设计和室内设计工作，设计对象包括大型建筑、小型专卖店、私人住宅、大商场、专卖店、奥特莱斯项目等。

　　设计师 Fabrizio 对北京胡同文化非常感兴趣，曾多次受邀参加"北京国际设计周"以及以"四合院"为主题的设计项目展览。来中国后，创立了意大利意思建筑设计公司，秉持的理念为：通过细节把控呈现完美的设计效果。

大都会室内设计

米兰公寓

宁夏银川云漠长城葡萄酒庄

赵锡山作品

01 赵锡山绘制的画作《老两口》。

02 面积50平方米，各个房间相互独立，使用不便。

Fabrizio 是《暖暖的新家》中首次加盟的外籍建筑设计师，来自时尚之都——意大利米兰。他一直对中国传统文化无比着迷，尤其对北京四合院充满浓厚的兴趣，对生活其中的老北京人充满无限好奇。

本期的委托人赵先生（赵锡山）是一位土生土长的老北京人，今年74岁，是一位记忆力超强、过目不忘、画功了得的神老汉，他用上千幅画作记录下已经消逝的老北京城市风貌，人称"老北京活地图"。这样一位神奇老人与77岁的老伴居住在北京前门地区施兴胡同50平方米的老屋里。

01 外墙承重柱已经严重腐朽，门窗严重漏风。

02 卧室没有采光，环境潮湿。

03 杂物间没有得到合理利用。

04 卧室里只有一张床、一个写字台、两个老柜子。

05 老人自制的太阳能热水器。

06 洗澡房墙体上的大裂缝。

　　老北京遇上米兰国际范儿，产生了一系列奇妙的化学反应，这一场中西合璧的碰撞，有矛盾、有沮丧，但更多的还是惊艳。我初次把这个改造任务告诉 Fabrizio 时，他高兴得几乎跳起来——终于可以实现"触摸胡同文化"的梦想了。然而，当他在镜头的跟随下真正走进赵锡山夫妇院落时，却露出了无比惊讶的表情，因为院子里的一切和他想象中的四合院完全不一样。

一座 50 平方米、摇摇欲坠的百年老宅

这栋老宅，经过 100 多年风雨的冲刷已经千疮百孔、摇摇欲坠。外墙承重的柱子严重腐朽，砖石用手一碰就掉下来，所有的木制门窗全部漏风，尤其到了冬天，屋里非常寒冷。

客厅地面是特别老旧的绿色瓷砖，墙壁上布满大裂缝，墙角的墙皮全部掉落，露出了红砖。家里没有洗衣机，平时老两口都是用手洗衣服。家里没有电脑，甚至连手机都不用。一台老式冰箱、一台电视机、一个收音机就是他们全部的家电。

卧室采光极差，阴暗潮湿，进门就能闻到一股浓重的霉味，从来没有装修过的地面坑洼不平。最严重的是，承重的墙体已经下沉，两堵墙之间裂开了一个大口子。卧室里只有一张床、一个写字台、两个老柜子，而这张简陋的双人床竟然是由两张单人铁床拼凑起来的。长期居住在这样的环境中，赵锡山老两口都患上了严重的类风湿性关节炎。

厨房的面积不到 2 平方米，非常破旧，天花板的墙皮脱落，随时可能掉到锅里。老两口用的是老式煤气罐，灶台也年久失修。厨房储物空间非常有限，只有一个塞满东西的小橱柜，而塞不进去的调料、菜板都摆在桌面上，大件的锅碗只能垫一层报纸堆在角落里。洗菜池没有下水管，倒热水时非常危险，随时会溅到身上。

他们平常使用热水，是用一个黑色塑胶袋装满水，利用太阳光加热。

虽然生活条件如此艰苦，但赵先生老两口依然乐观知足。他们喜欢养花养草，院子里的月季花在精心培育下开得分外娇艳；虽然居住在繁华的前门地区，但他们却如归隐般与世无争，每天早上 5：00 起床、晚上 7：30 睡觉，闲暇时听着收音机、画着画。这样的场景让 Fabrizio 深深陶醉。这位"好奇宝宝"似的设计师对胡同里的一切都感到无比新鲜。最终，他决心要把中式元素融入欧式风格，实现中西方设计的完美结合。

洋设计师的设计屡屡遭到质疑

改造过程远非想象中那般顺利，就在 Fabrizio 着手准备设计方案时，赵锡山夫妇突然向我们提出要退出节目！这是因为老两口经历了前门胡同 70 多年的风云变幻和生活变迁，对这里充满深深的感恩与眷恋，实在担心一位外国设计师把这幢明清时期的老宅改造得不中不西、不古不洋。

了解到赵锡山夫妇的担忧，我们第一时间与 Fabrizio 进行了沟通。Fabrizio 表示非常喜欢这对老夫妻，也十分渴望为其设计一个舒适的家。通过商议，我们决定带老两口看一看 Fabrizio 的设计作品，也许能打消他们心中的顾虑。果不其然，在参观完 Fabrizio 为朋友设计的一个"家"之后，赵锡山夫妇放心了，郑重地把他们的"家"重新交到我们手上。

忆舍

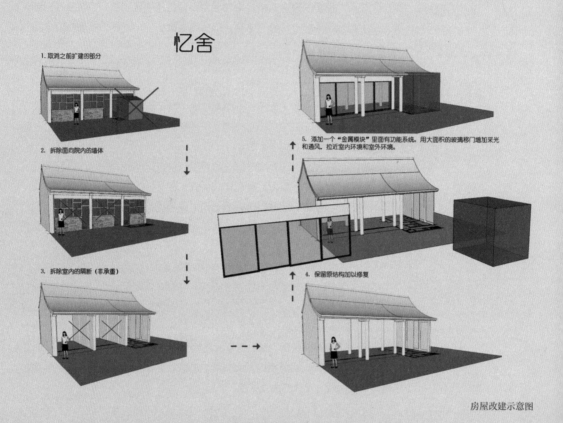

1. 取消之前扩建的部分

2. 拆除面向院内的墙体

3. 拆除室内的隔断（非承重）

4. 保留原结构加以修复

5. 添加一个"金属模块"里面有功能系统。用大面积的玻璃移门增加采光和通风，拉近室内环境和室外环境。

房屋改建示意图

　　在施工过程中，栏目组、设计师、施工方都十分注重将中西方优良施工工艺相结合，防潮工艺就是很明显的一个例子。

　　防潮是所有平房里最为重要的设计。为了增强地面的防潮性能，采用了最新的防潮系统，整个地面布满拱形特制防潮砖，每一个孔直接连到地面之上，这样空气就能更容易地贯穿所有地下空间，不仅空气流通，带走潮气，突破了传统的加高地面防潮系统，还排出了土壤中致癌的氡气。这也是《暖暖的新家》一种升级自创的中西合璧式防潮工艺。

中西方设计完美呈现

经过 45 天的改造，终于化腐朽为神奇，一个中西合璧的艺术之家展现在人们眼前。

考虑到老屋是北京极具代表性的四合院，Fabrizio 在改造时，非常尊重房屋的原有状态，尽量保留房屋的木质结构。同时，考虑到赵先生夫妇是有文化、爱画画的老北京人，Fabrizio 将整个空间定义为优雅、传统、彩色，在细节处理上也是颇费心思。

改造后平面图

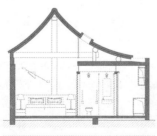

改造后立面图

01 第一步：地面下挖 50 厘米。

02 第二步：下挖的地面均匀抹上一层水泥。

03 第三步：在屋子的里外两侧各挖一层通风的管道并与室外相连。

04 第四步：通道用土埋严，管道口绑上结实的钢丝网，以防止蛇虫鼠蚁的入侵。

05 第五步：在下挖的地面均匀垒上几道砖墙，为了实现更好的通风，中间的砖墙留有空隙。

06 第六步：砖墙上面垒一层轻体砖，砖墙下方成为一个地下空间。

07 第七步：轻体砖上面牢固放置一层钢丝网。

08 第八步：在钢丝网上面抹水泥层，为加强防潮效果，在干透的水泥地面上刷一层防腐漆，最后铺上 SBS（橡胶改性沥青）卷材防水。

09 完工后，隐藏在地下的状态。

01 将赵先生父辈传下来的八仙桌保留下来，作为餐桌使用。

02 改造后可储存画作的空间。

03 落地推拉门的设计彻底解决了通风和采光的问题，恢复使用的廊道不仅起到了连接作用，更恢复了明清建筑的原貌。

01

02

整体设计保留了老房子原有的木质结构，去掉现有的天花板和隔墙，露出老房子原有的梁和圆柱，增加了整个房子的视觉高度和空间。

为了保留四合院的特点，打掉了外立面的所有外墙，恢复了房子原有的廊道，让整个外立面看上去更有中国特色，原有的木质圆柱经过翻新更有中式韵味。房子的外部全部加装了玻璃落地窗，使得廊道看起来更优雅、客厅的视野更开阔，老人坐在室内就可以将室外美景尽收眼底。

赵先生喜好绘画，为了展示其作品，Fabrizio 将整个客厅打造成一个展厅，客厅墙面挂满了老爷子多

这次改造项目，让设计师 Fabrizio 对中国传统施工方法，比如老房子天花板的搭建，房梁保护技术、传统地面的施工方式等有了更多的了解；而我们也对欧洲的新式施工工艺，比如防潮、保暖、隔音、通风等有了深入的认识。当然更重要的是，赵先生这位地道的老北京人与米兰帅哥设计师 Fabrizio 成了忘年之交，在这幢重新焕发了生机的百年老宅中，新的故事还在继续讲述……

03

年来的作品。为了保存多余的画作，Fabrizio 专门根据画作的大小尺寸定制了一款专业储画柜，可以放置绘画工具和作品。考虑到老人绘画时使用的操作台，Fabrizio 还在储画柜上加建了一个可移动、可隐藏的绘画桌，绘画时可以拉开折页板放平，不用时可以直接轻松地收回。

以前的卧室因为没有采光点而昏暗压抑。如今，在屋脊开出一道玻璃天窗，白天用于采光，晚上老两口看着星星，回忆年轻时的点点滴滴，温馨而浪漫。卧室内床的高度根据两位老人的体形与身高量身定做，上下床时不会因为床的高度影响起身的幅度，使得老人更加轻松、自在。

为了节省空间并追求美观的造型，Fabrizio 在房子左侧新建了一个四方形的房间，外墙全部采用镜面不锈钢，从院内看能反射院内的所有景象，增强了院内的空间感，并体现了现代和古典的完美结合。Fabrizio 把房内所有系统都集中在金属房子内。为了方便老人的日常生活，洗手间设在卧室旁边，出于安全考虑马桶旁边和淋浴室内增加了扶手，地面也使用了防滑瓷砖。出于防滑的考虑，整个房间的地面采用传统青砖呈 Z 字形排列，经过打磨和粉刷桐油增加了地面的亮度，防滑的同时又增添了一种古典美。

另外，讲一件在节目中没有呈现出来的趣事。有一个设计师 DIY 的环节，Fabrizio 说，他要用自己用过的尿盆做一个挂在廊道的吊灯。听完，在场的工作人员哑然失笑，委婉地告诉他，中国人不喜欢把尿盆扣在头上。然而，Fabrizio 并不理解，他觉得中国人家里的尿盆，图案、颜色、形状都很漂亮，经过再三解释，他才若有所思地点点头。最终，我们商量后决定用旧的搪瓷脸盆替代尿盆，做一个吊灯，这才有了节目中十分惊艳的"脸盆灯"。

01 卧室与客厅之间选用木质格栅。

02 卫生间的外墙是一整面的储物柜。

03 设计师把老年公寓的无障碍设计应用其中，比如滑动门、扶手、舒适的厨房。

04 挂在廊道的 DIY 吊灯。

05 尊重房屋的原有状态，尽量保留房屋原有的木质结构。

06 从卧室角度看客厅。

07 客厅是赵锡山绘画作品的展厅。

08 厨房铺贴意大利西西里风情的瓷砖，简洁中增添了一股灵动。

09 画桌不用时可以翻折起来，大大节省了空间。

10 在院子左侧建造了一个四方形的房间，外墙采用镜面不锈钢，拓展了院子的视觉空间。

11 绿意掩映的水池点亮了整座花园。

03

导演　王彦　李润东

充满回忆的家

29 平方米的百年老宅神奇蜕变为阳光别墅

北京东四礼士胡同 /29 平方米 / 一家五口

曾辉　北京国际设计周组委会办公室副主任

　　毕业于中央工艺美术学院，1991 年起留校任教，任《设计》杂志执行编辑。曾任北京奥组委文化活动部景观规划实施处处长、国家大剧院艺术品部部长。曾获日本平山郁夫奖、"中国之星"最佳设计奖、中国优秀品牌形象设计奖及金手指奖、中国设计贡献奖银奖。2008 年荣获北京市委、北京市政府、北京奥组委授予的"北京奥运会先进个人"荣誉称号。主持设计的《美丽的奥林匹克文化长卷》荣获 2012 中国香港印制大奖优异奖和 2013 中华印制大奖全场大奖。曾出版《设计的故事》《中国艺术美学散论》等书。

许刚　"本土创造"创始人

　　2012 年成立"本土创造"团队，致力以设计为基本手段，通过一系列的实验探索更多的可能，让不同的材质回归本质，还原独特的肌理，打造出满足人们日常生活需求的产品。

　　精彩语录：

　　"我原本在做室内设计，一直想做点儿人文性的东西。我们在设计产品时用的水泥，都是由建筑废渣回收来的。我一直很关注城市拆迁，拆迁是为了生活得更加美好、舒适，但为了追求利益会产生各种矛盾。光靠我消化所有的残渣和废墟也不可能，但这是我作为一个设计师为梦想而付出的努力。"

　　所获奖项：

　　2016 年 中国家具设计金点奖

　　2015 年 中国制造之美年度评选 家具类唯一大奖

　　2015 年 德国 IF 设计奖（两项）

　　2015 年 中国家具设计金点奖

　　2015 年 中国家居时代精英设计师

　　2015 年 EDIDA 国际设计大奖 最佳墙面奖

什么样的房子让夫妻俩同城不同居?

这是一个发生在东四礼士胡同 125 号的故事。今年 67 岁的宋奶奶和孙女住在一间四合院的东厢房,从进门依次是厨房、客厅和卧室三个房间,整个房屋呈长条状,卧室的旁边还有一个不足 8 平方米的储物间。孩子在附近上学,家里只有一个沙发床,所以孩子的父母只好轮流陪其住在这里,成了"值班夫妻"。

七旬老人照顾植物人老伴,长达五年

然而,更加让人想不到的是,年近七旬的宋奶奶每天不仅要照顾孙女,还要去医院看望躺在病床上的爱人。五年前,老伴沈大钧独自一人在家,突然因低血糖昏厥,从此变成了植物人。沈大钧在病床上躺了五年,宋奶奶照顾了他五年,喂饭、按摩,无微不至。

改造前,宋奶奶的一句话又让我们感到这个家里还有我们不知道的"秘密"。宋奶奶说:"其实我没有感觉不方便,这个家是老伴为我量身定制的,如果不是为了孩子,我不会装修。"原来,隐藏在隔板下的毛巾架,在冬天利用暖气的温度,可以自动烤干毛巾;立体小储物架具有多种功能;把刀藏在抽拉式的暗槽里,可避免孩子碰触;藏在柜门里的镜子,极大地节省了空间,等等。各式各样的小发明,处处体现出老伴对这个家的在乎和用心。

01 厨房和淋浴间共处一室,油烟和洗澡的湿气混杂在一起。
02 屋顶经常漏雨,导致屋顶木条腐烂、厨房坍塌。

房屋布局非常不合理，淋浴间与厨房共处一室

　　家里没有独立的淋浴间，洗澡时弄得厨房里到处是水，油烟和洗澡的湿气混杂在一起。厨房灶台和工作台相对而置，因此炒菜时要拿东西的话就必须转身。然而，厨房的不便之处并不仅有这些。厨房没有足够的空间，冰箱没地方放，只能放在客厅，到冰箱拿东西变成了一项"体力活"。

01 旧的窗户和吊顶让空间变得压抑。

02 主卧窗外搭建的小屋，阻碍阳光射入卧室。

03 小院里的杂物间遮挡了卧室的阳光和通风。

房屋加固，面积缩水，改造连连受阻

在拆除老房子的吊顶之后，令人意想不到的百年老梁暴露出来。疏松的支撑柱、摇摇欲坠的梁，都喻示着这个房子已属危房。为了保证房屋安全，首先要由房管所对危房进行结构加固。

首先，将已经腐蚀的柱子取下，用绳子将全新的梁托起升至老梁的下方，用千斤顶将新梁抵住，然后，将两个柱子分别支在新梁的两侧。然而，加固之后的房子导致原先29平方米的面积缩水，高度也严重受限。于是，设计师把新添的木梁与墙体刷成相同的白色，只露出老梁，从外观上看，仍旧保留了百年老宅的韵味。

01、02 房管所进行危房加固。

设计师克服重重阻力，打造回忆之家

设计师将入户门的位置进行了调整，原先一进门是阴暗潮湿的厨房，如今走进新家，最先映入眼帘的是通透明亮的客厅。原先一室一厅的破旧危房，竟摇身一变，成为三室两厅一厨一卫，堪称一套拥有七大功能分区的阳光花园别墅。

进门处的台阶，看上去较高。原来台阶的两侧设有鞋柜，此处的台阶还有一个功能，即作为换鞋时的座椅。

客厅正对面有一整面柜子，相当于100多平方米的收纳空间。不仅如此，设计师还在客厅划分了学习区和餐厅。

电视机可180°旋转，家人吃饭时或坐在沙发上时，都能以一个非常舒服的角度观看电视节目。

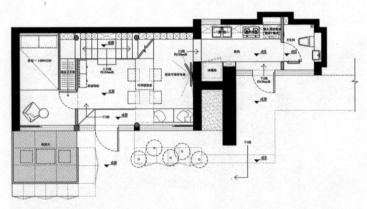

改造后一层平面图

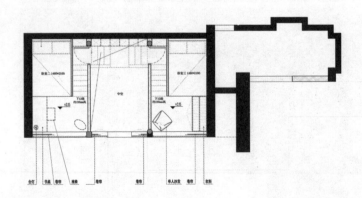

改造后二层平面图

01

顺着客厅的右边往里走便是厨房。设计师将原先厨房的区域分隔成卫生间和厨房两个功能区。如今，新家的厨房整洁、明亮，淡绿色的瓷砖搭配白色的橱柜清新、别致。冰箱终于找到了安身之所，再也不用像以前那样跑着去冰箱拿东西了。

一进门，客厅的左手边是主卧。设计师将阳光最好的房间留给了宋奶奶。超大的储物柜同样满足了宋奶奶的储物需求。

设计师在原先的一层结构内利用两组楼梯，搭建起两个对称的二层房间。但是，由于老房加固，层高和面积严重缩水，导致常规楼梯无法安置，设计师如何攻克这一难题呢？

01 复古风格的挂灯由老房子的费砖制成。

02 客厅以木质白墙为主调，尽显幽雅与质朴。

03 建筑外立面装饰。

02

03

通往二层的楼梯安装了踏步灯，
方便夜间照明。

01 厨房的长条形操作台让整个空间更显简约、大方。

02 为了不浪费空间，设计师充分利用左边楼梯下方的空间，打造成宋奶奶卧室的储物柜。

03 在老自建房的基础上，将美丽的室内花房呈现于家中。

　　左边的楼梯通向孙女的卧室。以前，孙女只能和奶奶睡在一个房间，现在她终于有了自己的公主房了。屋顶上的星星灯是设计师曾辉亲自挑选的，他希望小朋友在房间里就能看到星星和月亮。墙壁上的小房子不仅是多功能收纳格，同时也是温暖的装饰。

　　另一边的楼梯通向沈鹏夫妇的卧室，原先的老房子由于不隔音且没有私密空间，无法好好休息，小两口只能排班来陪孩子。如今，在新家里两人终于有了自己的房间。

　　原先的杂物间遮挡了卧室的阳光和通风，设计师将其拆除。如今，此处变身为全景阳光花房。阳光透过玻璃屋顶，射入花房内的各个角落。原先旧家中的老家具保留下来，重新打磨上蜡，与整个花房相得益彰，一家人足不出户便可以在花房里品茶赏花。

　　应全家人的要求，设计师将室外小屋设计成完全透明的玻璃茶室，全透明的空间延伸了视线，与院子融为一体，好像是小院的一部分。茶室内摆放的两把椅子是设计师将旧家中的椅子重新打磨而成的，而玻璃茶室内摆放的各种花卉都是设计师亲自前往花卉市场挑选的，有利于老人的身体健康。

01 夫妻房与其他卧室进行了合理的划分。即使夫妻俩早出晚归，也不会打扰老人和孩子休息。

02 老人房简单、朴素，空间宽敞，三面密闭，保证了老人出入安全，同时使其倍感舒适。

01

02

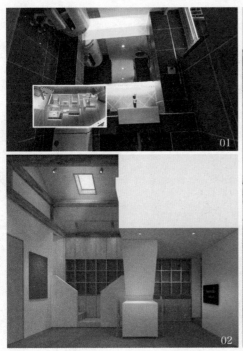

01 改造后新增了卫生间，洗漱、淋浴各自分开。

02 6 个柜子相当于 100 多平方米的储物空间。

03 二层左侧是充满童话色彩的儿童房。

04 台阶的两侧设有鞋柜，同时台阶也可以作为换鞋时的座椅；设计师亲手将家里的废布缝制成门帘，挂在宋奶奶卧室的门口，既有岁月感，又体现了家的温馨。

04

导演 王潇彤 李争

"珠穆朗玛峰"
脚下的家

"无腿勇士"：38 平方米的杂物间
巧改为两室两厅

北京新街口外大街 /38 平方米的两室一厅 /
夏先生夫妇俩

邵沛　冰川（北京）设计公司合伙人

室内设计师，国家二级心理咨询师，催眠师。从事室内设计工作 15 年，打造过上百个至臻至美的装饰项目，擅长运用环境美学和心理学，营造优雅而富有内涵的室内氛围。近年来曾为佟丽娅、陈思诚、李亚鹏、张蓝心、苏醒、孙悦、杨威、胡杏儿、范明等明星设计住宅或商业项目，被誉为"明星御用设计师"。曾编著出版《Lightscape3.2 室内渲染经典作品解析》。

北京星河湾李宅　　　　　　　　　　　　　　乌鲁木齐屯河华美达酒店

他被誉为"无腿勇士"， 67 岁高龄，曾六次攀登珠穆朗玛峰

　　委托人是前国家登山队运动员夏伯渝，曾经六次攀登珠穆朗玛峰。为了登上珠穆朗玛峰，他付出了常人难以想象的代价。1975 年，夏伯渝随中国登山队第一次攀登珠穆朗玛峰，下撤的途中遭遇暴风雪，把自己的睡袋让给了队友，因此失去了双腿。然而，41 年间，夏伯渝始终没有放弃登珠穆朗玛峰的梦想，坚持每天锻炼两小时，每周爬山三次，就是为了有一天能够再登珠穆朗玛峰。2016 年 5 月，67 岁的夏伯渝第六次挑战珠穆朗玛峰，然而就在距离顶峰 90 米的地方再次遭遇大风，最终未能登顶，但他的拼搏精神鼓舞了无数人，被誉为"无腿勇士"。

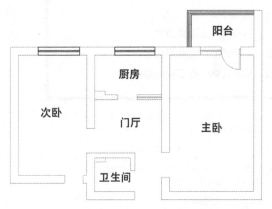

改造前平面图

看似普通的单元房，对于无腿老人来说，却处处充满致命的隐患

　　第一次见到夏伯渝本人，他正在家里收拾房间，虽然双腿截肢，但他所有的举动都和正常人一样。他可以照顾自己，可以搬东西，甚至做各种高难度的运动。他的精神状态极好，声如洪钟，一看就是个乐观的人。还记得同事不小心把他家开灯的绳子拉断了，随和的夏伯渝急忙说没关系，自己搬来梯子，慢慢爬上去，重新接上绳子。

　　夏伯渝和老伴住在新街口外大街的一处老旧单元房里，位于第三层，面积 38 平方米，两室一厅，建成于 20 世纪 80 年代。房子年久失修，曾经的光辉早已褪去，慢慢变成了光线昏暗、空间狭小、布局不合理的危楼。

　　平日里，主卧就是老两口的卧室，同时也是夏伯渝和老伴的书房，偶尔来客人时作为客厅，同时还是一家人用餐的地方。次卧和客厅已经变成不折不扣的储物间，里面堆满了杂物、各种登山用品和老伴的书。

◆ 空间问题清单

（1）床的高度无法满足戴义肢和不戴义肢的双重需求。

（2）拿取高处物品异常困难。

（3）储物空间严重不足，缺乏陈列区。

（4）阳台采光差、保温性差。

（5）健身设施简陋且不安全。

（6）洗澡环境极其不卫生。

（7）台阶是一大致命隐患。

（8）功能混乱，没有用餐区。

（9）电路老化，存在安全隐患。

不足 3 平方米的卫生间，非常局促不堪，每逢洗澡，地面湿滑，进门处还有一级台阶，这对于两位年纪越来越大的老人来说，是个不小的安全隐患。

电路老化是困扰夏伯渝家的一个大问题，随处可见他们自己接的明线，夏伯渝还曾经触电。

平日里夏伯渝酷爱各项运动，有很多基础训练都是在家里完成的。然而，苦于没有合适的场地，他只能因地制宜地自创了一些健身方法，柜子、床、门都变成健身的器材，但这些方法既不科学也不安全。

01 这个仅有 16 平方米的主卧，作为老两口的卧室、客厅、餐厅，以及夏伯渝的健身房。

02 一双又一双的义肢陪伴了夏先生整整 41 年。

03 阳台上堆满了夏伯渝和老伴养的花，这些绿植爬满整面玻璃，严重影响了室内的采光和通风。

04 次卧变成不折不扣的储物间，里面堆满了杂物和书籍。

暖男设计师 24 小时跪行体验步步惊心的家

　　为了能够与夏伯渝感同身受，我们与设计师邵沛商量后，做出一个决定，即全程跪行体验，亲力亲为，体验夏伯渝摘掉义肢后的生活，而这个决定也让邵沛吃尽了苦头。

　　由于地板太硬，跪行体验才刚刚开始，设计师邵沛的膝盖就已经红肿，而在下卫生间的台阶时，他不慎摔了下来，非常危险。24 小时体验结束之后，邵沛的双腿红肿、疼痛难忍，甚至一度无法行走，而他一句怨言都没有，这样的敬业态度令人敬佩！正是由于这样扎实的体验，设计师发现了许多隐藏在深处的问题。

　　由此，邵沛决定给夏伯渝打造一个真正意义上的无障碍之家，同时把健身房搬回家，还要把他魂牵梦绕的"珠穆朗玛峰"搬回家。

　　为了实现这些目标，设计师团队"脑洞大开"。然而，装修过程一波三折，由于夏伯渝家是老式单元楼，拆旧过程中，有很多承重墙无法拆除，这在结构上大大限制了设计师发挥设计才能。设计师团队来来回回推翻了五版设计方案，才确定下来最终方案。

电视柜下面的鱼缸，在灯光的照射下，显得格外美丽；不停游动的小鱼为整个房间增添了几分生气。

设计师将"珠穆朗玛峰"搬进 38 平方米的老式单元房

经过 40 多天的倾力改造，夏伯渝家发生了翻天覆地的变化。原先昏暗、狭小、堆满杂物的客厅，现在摇身一变，成了宽敞、明亮的多功能厅。

展示柜是不规则的山形，象征着夏伯渝的登山经历，也让进入室内的人第一时间感受到他一生自强不息的精神。可拼接积木沙发是邵沛团队专门为夏伯渝设计的。这个特制的积木沙发一边高一边低，高的一边是 450 厘米，适合正常人的身高和夏伯渝戴上义肢时的高度，低的这一是 300 厘米，适合夏伯渝摘下义肢时的高度。每块都可以组合，就像拼积木一样，最大能拼接成一张 1.5 米宽的双人床。

进入大卧室首先看到一个 2.22 米 ×2.25 米的大型榻榻米，其下部全部是储物空间，可以最大限度地满足一家人的居住需求。

大卧室最吸引人的是一整面珠穆朗玛峰壁画，与普通壁画不同的是，这幅魔变壁画使用了感光油漆和荧光油漆这两种特殊油漆，感光油漆主要吸收紫外线，紫外线强烈时感光油漆的色彩也更浓烈，而荧光油漆则呈现出夜晚珠穆朗玛峰的美丽景色，由此，实现了"一天有四季，十里不同天"的妙喻，使整幅画"活"了起来。

为了让夏伯渝轻松地操作开关，细心的设计师还采用了"智能家居"的理念，安装了智能窗户和智能灯光，只要用手机就可以轻松地操纵开关。

01 卫生间采用无障碍的扶手设计，方便夏先生使用。

02 专业的健身装置十分牢固，彻底消除了安全隐患。

03 阳台地面采用玻璃材质，下面摆放了假山模型和多肉植物，四周用很牢固的铁架加以支撑。

01 所有灶台和操作台的高度要比正常的低一点，满足了夏伯渝摘下义肢后的需求。

02 珠穆朗玛峰壁画把夏伯渝拉回到深刻而美好的记忆中。

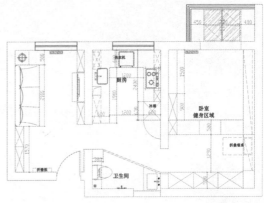

改造后平面图

为了方便夏伯渝居住，家里各个角落，如家门口、沙发边上、卫生间、卧室，都随处可见扶手、折叠椅，构成了"残疾人关爱系统"。

最值得一提的是，考虑到夏伯渝腿脚不便且年纪越来越大，设计师特意在整个房间铺设了运动软质木地板，这样的地板不仅防潮保暖，还坚固耐磨、富有弹性、隔音减震，同时易于清洁，价格也不贵，非常适合老人、孩子和残障人士使用。

有梦想并且一直为之努力的人是值得被尊重的，夏伯渝就是这样的人！在整个节目的拍摄制作过程中，我们都被夏伯渝的人格魅力所折服，给他一个"暖暖的新家"，让我们感到万分荣幸！

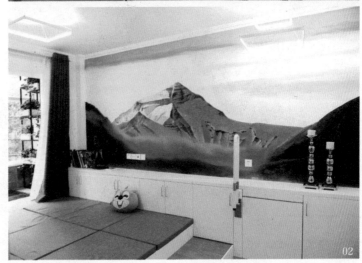

05
导演 冯乐

让妈妈回家

21 平方米的昏暗平房华丽转型为四室一厅的团圆之家

北京西城区 /21 平方米的平房 /90 后小伙与妈妈、两个姐姐

鲁小川　鲁小川文化创意创始人

　　TRANELU 品牌创始人，LULU 智能机器人创始人，鲁小川文化创意创始人，米兰理工大学国际 EMDM 设计管理硕士，*INTERIOR DESIGN* 封面人物。艺术家、设计师兼品牌策划顾问。曾出版书籍《设计帮·商业娱乐空间设计流程解析》、网络小说《品西游——论帝王路》，深受读者喜爱。其设计的中国首个机械公仔形象被法国 JANUS 双面神国际设计大奖赛选为当届"全球活动形象"，是中国本土成功跨界全领域设计师。

DSN GOLF 专卖店设计

卓美空间办公空间设计

SKY-PARK 大型商业体概念设计

21平方米的房间住着姐弟三人，妈妈借住在邻居家的简易房里

委托人李易是住在北京西城区的一位90后小伙，和妈妈、两个姐姐生活在一起。第一次见到李易，他一个劲地从冰箱里拿各种饮料给导演。虽然不善言辞，但他还是跟我们分享了报名参加节目的初衷：让妈妈回家！

李易的父母在三姐弟很小的时候就分开了，母亲一个人带大三个孩子。原本狭小的空间，随着三个孩子长大成人，变得更加局促。原来21平方米的家实在太小了，四口人根本住不下。于是，妈妈把家让给了孩子们，自己借住在邻居家由厨房改造的简易房里。

即使妈妈搬出去，21平方米的房子住三个成年人仍旧非常拥挤。其实，这间房子只是老四合院正房的1/3，中间被一个简易的屏风分成两个部分，外边既是客厅也是李易的房间，屏风里侧是两个姐姐的卧室。室内唯一的采光窗户被堆满物品的架子遮挡住了，房间显得非常昏暗。

01 由于空间十分有限，加上居住人口多，整个房子几乎被生活用品塞满，以至于人的通行都成了问题。

02 由于衣服多，又缺乏储物空间，每次想要找一样东西，就像经历一次换季，整理同样很费事。

03 这个2.5平方米的房间，既是厨房，也是淋浴间和洗漱间。狭小的房间里，放置了一台双缸洗衣机、一个灶台、一个柜子、一个洗手池，满满当当，洗衣机就成了唯一的料理台。

04 正房被一个简单的屏风隔成里外两间，外屋是李易的卧室兼客厅，里屋是两个姐姐的卧室。

◆ 空间问题清单

（1）空间狭窄，人的行动受阻。

（2）缺乏储物空间，物品大量堆积。

（3）潮湿，墙皮脱落。

（4）屋顶有缝隙，保暖隔音有问题。

（5）厨房拥挤，没有料理台。

（6）厨房、淋浴间共用，卫生状况堪忧。

（7）茶几当餐桌，且窄而小，吃饭全程要端着碗。

（8）妈妈只能借住邻居家。

（9）大姐晚上下班回来很晚，影响家人休息。

　　大姐经常上晚班，出入都要经过客厅，然而这里也是弟弟睡觉的地方，所以李易常常半夜被吵醒，睡眠质量非常差。厨房和淋浴间的卫生状况同样堪忧，洗澡水常常溅到砧板上，而唯一的水池，既要洗菜、洗碗，又要刷牙、洗脸，甚至洗衣服、洗抹布都要在这里进行。

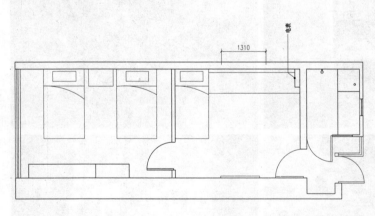

原始平面图

设计师在与户主同吃同住 24 小时后，天马行空的设计想法被彻底推翻

　　鲁小川设计大胆，被誉为"设计界的鬼才"之一。接到本次的改造任务，鲁小川很兴奋，在没有入户看房之前，他就组织团队成员展开讨论，胶囊公寓、太空舱、意大利家具、德国设备、玻璃房子，设计师提出了很多天马行空、脑洞大开的想法。然而，一向自信满满、意气风发的鲁小川不会想到，这些想法随着自己的 24 小时体验而灰飞烟灭。

　　在和户主同吃同住的体验之中，由于不通风，空间狭小，鲁小川在厨房挥汗如雨地完成了一道菜，走出厨房，整个 T 恤已经被汗水湿透了。接下来，吃饭也并不轻松，鲁小川和一家人围坐在一个长 1.2 米、宽度仅有 30 厘米的茶几旁边，没有地方放碗筷不说，连远点的菜都够不到。

　　吃饭条件有限，接下来的洗澡也不顺利，设计师刚打开水龙头不久就遭遇了停电，原来由于电线老化、电压不稳，很多大功率的电器一起使用的时候经常会跳闸。在洗了一次水温忽上忽下的澡之后，身心疲惫的设计师原本想要好好睡上一觉，却又遭遇了一场"惊心动魄"。半夜 12 点多，已经熟睡的鲁小川被一声巨大的撞击声惊醒，吓得整个人从床上弹了起来，原来李易的床和里屋二姐的床铺中间，只隔了一个木制屏风，二姐睡觉翻身时腿磕碰到屏风，发出巨大的声响。

　　伴随着 24 小时体验的结束，设计师曾经天马行空的想法被自己彻底推翻。鲁小川发现，对于这个家庭来说，那些华丽的设计、高科技的展示根本不重要，他要找回设计的初心，摒弃了擅长的手法，用最朴实、最实用的设计，还给他们一个"暖暖的新家"。

01 设计师希望不要过分打破原始结构；选用隔热毯，既可以反射热量，夏天又可以把热量反射出去，安装比较方便，价格也很便宜，为 10 ~ 20 元／平方米。

02 老房子墙皮脱落现象严重，所以设计师在整个房子的防潮工艺上采用了特殊的材料，即成型非固化橡胶沥青防水涂料。

90后小伙临时提出要把房子做婚房，居住人数由4人变5人，设计师几近崩溃

经历无数次推翻重来的设计，好不容易方案敲定，但一次意外事件的发生，让鲁小川的所有努力功亏一篑。随着工期的进行，李易和女友因为房子产生矛盾，房子一直是李易的一个禁忌，身为家里唯一的男孩，没能让妈妈住进一个好的房子一直是困扰他的一大难题。现在，让妈妈回家刚刚有了希望，未来岳母又提出婚房的要求，这无疑让他的自尊心受到不小的打击。李易迫不得已，向设计师提出要把这里当成婚房，居住人数由4人变5人。面对户主提出的要求，鲁小川几近崩溃。

为了更好地完成本次改造工程，鲁小川从沈阳请来了自己合作多年的伙伴骆大哥，作为本次施工的负责人。骆大哥放下了手上的大项目，全身心地投入到这个面积仅有21平方米的房屋改造中。打造一个"让妈妈回归"的家，同为人子的骆大哥感同身受，他分文不取，在工地一盯就是两个月。临近收房，北京下起了大暴雨，好不容易找到的洗手盆，又在运输的途中意外碎裂。面对户主的期盼和兄弟的重托，满头白发的骆大哥顾不上大雨，疯狂地打电话、沟通、解决各种问题。

鲁小川为了欢迎这位辛苦操劳的母亲回家，特别带着三位子女来到录音棚。他让平时不善表达的孩子们勇敢地向妈妈说出自己的爱，不仅如此，更亲自演唱了一首刘德华的歌曲《回家真好》。歌声响起时，一旁的编辑睁大了眼睛，说简直就和原唱唱得一模一样。如果你对这首歌感兴趣，不妨去视频网站看看节目的回放。

21平方米的昏暗平房变身为四室一厅的团圆之家

在北京最炎热的7月，收房的日子终于到了。曾经高冷，甚至有点爱耍酷的鲁小川抛开了所谓的"形象"，穿着背心，和工人们一起为收房做最后的冲刺。在人均5平方米的居住面积里，设计师怎样实现三个孩子"让妈妈回家"的愿望呢？

原有房子的屋顶是人字形结构，最高处层高为5.2米，而最低处仅有3米。为了保证舒适度，搭建二层时，设计师采用了错层设计，即中间高、两侧底，为一层的客厅留足了挑高，以保证日常活动的舒适，同时使二层两侧的房间不会太过压抑。二层分成了三个相对独立的空间。

原本昏暗拥挤、物品囤积严重的21平方米大开间，在鲁小川的精心布局下，摇身一变，成为四室一厅一厨一卫。走进新家，新房的主色调为白色，搭配明快、鲜艳的跳色元素，整个空间更加宽敞、明亮，原本昏暗、潮湿且让人倍感压抑的环境一去不复返。

设计师舍弃沙发而定制的六个箱子，也终于露出了真容。白色的箱子排成一排，保证了新客厅的会客功能，既实用美观又与整体色系相匹配。箱子镂空的设计加强了空间的储物功能。不仅如此，六个箱子可以任意组合，根据不同的需求，作为临时的床铺或柜子。

01 原有房子的屋顶是人字形结构，最高处层高为 5.2 米，而最低处仅有 3 米。为了保证舒适度，搭建二层时，设计师采用了错层设计，中间高、两侧低，给一层的客厅留足了挑高，保证日常活动的舒适度，同时使二层两侧的房间不会太过压抑。

02 新客厅的面积达到 15 平方米，宽敞且明亮，新开的横条窗与隔墙顶端的玻璃窗，将采光引到客厅。

03、04、05 六个箱子排成一排，保证了新客厅的会客功能，既实用美观又与整体色系相匹配。箱子镂空的设计加强了空间的储物功能。六个箱子可以任意组合，根据不同的需求，作为临时的床铺或柜子。

06 黑色折线小灯具，在整体白色的环境里异常抢眼，为新建的学习区增添了几分趣味。

07 设计师充分利用楼梯下方的空间，定制了整面柜子，最大限度地强化了空间的储物功能。

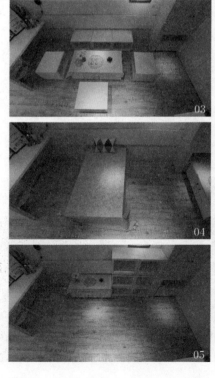

一层客厅的里侧是一个独立的卧室。大容量的定制家具和舒服的床铺，让李易的妈妈有了属于自己的房间，她终于可以回家和孩子们快乐地生活在一起了。妈妈房间的灯光，设计师特别进行了挑选，仅1.5厘米宽的线性灯光首次以嵌入的方式引入普通住宅，这种节能环保、光照强度均匀的光源，使房间既温馨又时尚。

二层空间，根据三姐弟不同的作息时间，将最靠近楼梯的房间留给了大姐。这样上夜班的大姐以后就不会再影响弟弟、妹妹的休息了。纯净的白色纱幔，在星星灯的映衬下，与粉白色的床品营造了浪漫梦幻的氛围。这间公主房是设计师为爱美的大姐量身定制的。墙上新增的圆形采光为房间平添了浪漫的气息。

设计师在楼梯旁安装了感应壁灯。在房间整体暗度到达一定程度之后，人每次经过，壁灯就会自动感应而点亮。这样上夜班的大姐回家或出门，无需开大灯，也不会影响其他人的休息。

收房时，李易一家人为忙碌了两个月的设计师准备了神秘礼物。四顶印有鲁小川机器人公仔图案的帽子出场时，设计师非常意外。原来，有心的李易发现，每次见到设计师，他都会戴不同图案的黑色帽子，所以他记在了心里，并偷偷向设计师的助手要了图案，定制了四顶帽子。这份用心的礼物，让设计师泪洒现场。

让妈妈回家的梦想终于实现了，这次改造让鲁小川找回了设计的初心，让曾经有些浮躁的自己回归平淡。就在收房的第二天，他赶回远在沈阳的老家，迫不及待地将这次改造成功的喜悦分享给自己的母亲——这个生命里最重要的人。

原本功能混乱的厨房淋浴混合区改造成一个现代化的厨房。厨房顶部开了一个天窗，将自然光线引入其中，在这里不但可以心情愉悦地烹饪美食，抬头还可以欣赏北京老房子独特的韵味。

　　考虑到家庭成员多，设计师在 21 平方米的空间里力求实现"干湿分离"，形成卫生间和淋浴间两个独立的功能区，方便使用的同时，大大提升了空间的利用率。

01 一层客厅的里侧是一个独立的卧室。李易的妈妈有了属于自己的房间。

02、03 大姐房间白色纯净的纱幔，在星星灯的映衬下，与粉白色的床品营造了浪漫梦幻的氛围。墙上新增的圆形采光也为房间平添了浪漫的气息。

04 柜子和床铺下方设有大量的储物空间，彻底解决了大姐衣服多、没地方放的苦恼。床铺对面的楼梯扶手也经过设计师的巧妙改造，一整排的柜子可以摆放大量化妆品。

05 二层的东侧是设计师给二姐打造的卧室。新增加的小窗既引入了采光又保证了通风！白色地毯、粉色靠枕满足了女孩对房间的幻想，这里也是闺蜜聚会的场所。

06 二层的另外一侧是李易的房间。一直睡在客厅、睡眠质量严重成问题的李易终于有了不再被打扰的空间。

07 设计师选用白色小墙砖，使得厨房更加开阔，具有更加明朗的立体效果。新开的 L 形小窗既保证了厨房的通风，也方便与访客进行互动。

08、09 卫生间内白色窄条形的洗脸池、黑色金属质感的花洒，与白色的墙砖、黑白花色的地砖相得益彰，尽显简约的北欧风格。

05

06

08

07

09

06
导演　王彦　李润东

我家有棵树

19 平方米的老宅变身为三室两厅的三层迷你小别墅

王希元　中国建筑科技集团筑邦设计院地产综合所所长

中国新锐室内设计师。毕业于哈尔滨工业大学建筑学院，获得建筑学、环境艺术设计双学士学位；国际建筑装饰设计双年展百名优秀设计师；北京市杰出中青年设计师；2015 年筑巢奖金奖获得者。他认为："设计，是每个人的影子，把人们的美好憧憬投射到现实中。"

代表作品：北京金融街利兹卡尔顿酒店、北京康莱德酒店、北京工体 A. Hotel 酒店、四川国际网球中心、山水文园样板间、国家核电技术公司总部办公楼。

山水文园 E6-S 户型样板间

四川国际网球中心

三口之家几十年来与树为伴，拥挤不堪

　　这个三口之家位于北京前门炭儿胡同 10 号，这间面积只有 19 平方米的百年老宅里不仅住着一家三口人，而且还有一棵高 15 米的参天大树。当初看到这个房子时我们欣喜若狂，因为一直想找一个像电视剧《贫嘴张大民的幸福生活》里一样的家，没想到还真碰到了。

　　段先生今年 58 岁，是一个狂热的古典音乐粉丝，从小在这里长大，由于自幼患有小儿麻痹症，不能长时间站立和行走，大部分时间只能坐着。老段说，音乐给了他第二次生命。老段的爱人，30 多年前只身一人闯北京，经人介绍结识了当时在工厂里做会计的老段，结婚生子。虽然夫妻俩总因为鸡毛蒜皮的小事争吵不断，据说从来没有意见统一的时候，但他们有一个共同的目标，那就是培养女儿。宝贝女儿雯雯，今年 26 岁，现在在上海读研究生，是老段一家的骄傲。

　　老宅一进门是一间 8 平方米的小屋，用"奇葩"来形容一点也不为过，因为它集厨房、淋浴间、女儿卧室于一体，更加不可思议的是，还有这棵银杏树正好立在中间，正是这棵树的存在，本就狭小的空间变得更加拥挤不堪。女儿雯雯从出生就一直睡在树的旁边，平日里也免不了磕磕碰碰，而一旦到了下雨天，雨水会顺着树流下来。不仅如此，有一次，由于树导电，还把家里的电视机给劈了。再往里走便是父母的卧室，面积仅有 11 平方米。

01 家里的厨房仅由一个电磁炉和一个杂物柜组成，炒完的菜没地方摆放，只能放在冰箱上，冰箱上放满了，甚至放在马桶上，有时就连洗菜、洗碗也要在马桶盖上进行。

02 里屋是老段和爱人的房间，同时也作为客厅使用。

03 雯雯从出生就一直睡在树的旁边，平日里也免不了磕磕碰碰，而一旦到了下雨天，雨水会顺着树干流下来。

（1）由于院落的回填，树的地上部分虽然在继续生长，但禁锢在泥土中的根部几乎停止生长，头重脚轻，家中的这棵大树随时会倒塌。

（2）女儿的卧室也是家里的厨房和厕所，没有私密空间。

（3）简易的马桶充当厨房操作台。

（4）大树的位置影响了屋内活动动线。

（5）家里只有一个盥洗池，洗衣、洗菜时，摆满了各种盆。

01 女儿卧室的正中间"住"着一棵高达 15 米的参天大树。

02 有 1.5 米长的树干被埋在地下，已经腐烂。

施工现场状况不断，设计师顶住各方压力，迎接挑战

老房改造刚刚开始，就遭遇难关，这棵身处房屋正中间的老树该如何处理？如果保留，已经空了的树干能否支撑整个房屋，会不会突然断裂？一切都是未知数。但是，就在工人不断地往下挖的时候，却发现有 1.5 米长的树干被埋在了地下，原来老段家所在的杂院过去是个下挖院，房子和路面有着 1.5 米的落差，而这个地下空间，对于设计师王希元来说无疑是一个惊喜。

01 入口处和客厅连接处的智能楼梯模式。启动上平模式，楼梯上升成水平状态；启动下平模式，楼梯水平下降；台阶模式即为日常模式。

02、03、04 书房中设计师巧妙利用了隔壁的沙发，将床藏在沙发下面，睡觉时可以随时拉出来，这样书房摇身一变就成了卧室。

由于担心树的安全性，设计师专门请来了植物专家李博士。李博士对树进行钻孔取样后确定，这棵老树内并没有腐烂，但他发现老树地下的部分比树干部分要细，承重能力极弱，随时都有倒塌的危险。于是，李博士建议王希元将这棵老树砍掉，却遭到了老段的强烈反对。40多年前，老段亲手将一棵银杏树苗种下，这棵老树已然成了家里不能割舍的一部分，它见证了一家人的成长，也镌刻着幸福生活的记忆。但是，房屋的安全性不可忽视，设计师经过努力，做通了老段的思想工作，与城管和城建部门反复沟通，以排危的方式最终移除了这棵逝去的银杏树。

就在王希元为是否保留老树发愁之时，雯雯向设计师提出了一个要求。原来，老段因为患有小儿麻痹不方便出行，而他又想亲近大自然，所以雯雯想让设计师在家里为父亲设置一个方便出行的智能楼梯，满足她作为一个女儿对父亲的孝心。对这个临时提出的要求，设计师捉襟见肘，经过重新梳理设计思路后，利用入门处与一层客厅之间的三个阶梯，通过智能系统分为三种模式，下平模式、台阶模式、上平模式。考虑到家里大部分体力活都是老段的爱人一个人承担，设计师在楼梯左侧隐藏了一个暖心的机关。打开楼梯左侧的小门，里面有一个装有煤气罐的小推车，将电动楼梯设置为上平模式，煤气罐就能很轻松地推出来，便于更换。

餐厅的另一侧，便是宽敞明亮的开放式厨房。
原来只有一个电磁炉和一个杂物架的简易厨
房，如今抽油烟机、灶具、橱柜一应俱全。

设计师神奇打造超级室内花园

　　经历了 45 天的改造，原来只有两个房间的 19 平方米老房子，在王希元的神奇改造下，变身为三室两厅一厨两卫的三层迷你花园别墅。原先 9 平方米的女儿卧室摇身变为室内花园。设计师将一整面老砖墙保留了下来，基层处理之后刷上白漆，既整洁美观又带着一抹老房子的记忆。白色的砖墙配上用老银杏树手工制作而成的衣帽架，古朴别致，看上去像是一幅艺术画。干枯的老树不见了踪影，取而代之的是一棵生机盎然的新树，名叫"幸福树"。

　　移除堵在门口的电磁炉和杂物架，让空间开敞了许多。原先淋浴间的位置如今变成了可容一家三口同时就餐的花园餐厅。

01、02 设计师利用下挖院的优势，向地下挖深 60 厘米，一方面重新做混凝土基础，解决平房潮湿的问题；另一方面解决层高问题，将里屋空间划分成上下两层，第一层包含客厅、父母卧室和主卫。

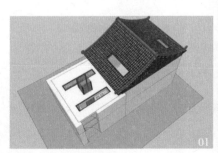

01 楼梯旁设计了方便老人抓握的楼梯扶手。

02 设计师保留了一部分砍下的树枝，将表面进行简单的处理，然后并排放入木质的长方形框架中，让原本已经腐朽不堪的老树变成新家中的衣帽架。

03 推开餐桌，隐藏在下面的案板和洗菜池暴露出来。这样的设计极大地节省了空间。

04 巧妙利用沙发旁、父母卧室床下的空间做储物收纳。

05、06右边一整面的令人赏心悦目的绿植墙，有将近100多种植物，设计师设计了具有节水功能的自动灌溉系统，将电机隐藏在吊顶里，每48小时会自动灌溉一次。

07 餐厅的另一侧，便是宽敞、明亮的开放式厨房。原先只有一个电磁炉和一个杂物架的简易厨房，如今抽油烟机、灶具、橱柜一应俱全。

08 客厅中灯带的巧妙运用，扩大了视觉空间。

07

导演 田太锋

编织大叔的
幸福之家

38 平方米的老旧楼房华丽变身为四室
两厅的环保之家

北京朝阳区 /38 平方米的老旧楼房 / 一家七口

程晖 北京唯木空间设计创始人、设计总监

　　高级室内建筑师、减法生活方式倡导者；从业 10 多年来，为多位艺术家、企业家、明星等社会名流设计过私人别墅，作品多次刊登在《AD 安邸》《时尚家居》《瑞丽家居设计》等专业杂志上并斩获国内多项大奖，2015 年受邀在中央美术学院建筑学院做专题讲座，2016 年受邀参加北京理工大学 TEDxBIT 主题演讲。近年来投身"设计为民生"公益活动，为普通民众改善家居环境提供服务。他认为："室内设计不只是简单的装饰艺术，要契合居住者真正的内心需求。"

唯木空间设计

丽京花园别墅

西城晶华公寓

艺术家张晓刚工作室

早年婚姻和事业受挫，无奈之下赵先生和姐姐一家挤在 38 平方米的老旧楼房里

第一次见到赵先生，我笑了一个下午。赵先生喜欢编织，一双灵巧的手可以编织出任何你能想到的东西，而更吸引我的是他的乐观心态。他的快乐可能是与生俱来的，又或者是生活赋予他的，总之，和他在一起总有聊不完的开心事。记得前采那天，天气特别热，高温让我的心情也焦躁到了极点，因为还有一个月《暖暖的新家》就要开播了，选题还没有着落。见面寒暄后赵先生开始滔滔不绝地讲他的经历，用赵氏的幽默风格缓解了我内心的焦躁。我想，这期节目要做成了一定出彩，而 0.58 的收视率也证实了我的想法。

赵先生一生坎坷，早年遭遇失业、离婚、生意失败，为了让儿子顺利出国留学，卖掉了唯一的房产，居无定所之际，从小相依为命的姐姐收留了他。但是，赵先生却将这些生活的不如意抛之脑后，用更为积极向上的心态面对生活。

姐姐家位于北京朝阳区，是一套修建于 20 世纪 90 年代的老旧楼房，房型是不足 40 平方米的两居室。虽然南北通透，布局却十分不合理，靠北侧由东向西分别是次卧、洗手间、厨房及客厅，南边是主卧。空间最大的是主卧，有 14 平方米，次卧将近 10 平方米，而厨房和洗手间总共不到 6 平方米，客厅也很小，只有 6 平方米。进门 3 平方米的过道空间，是闲置的，不仅无法有效利用，还影响通行。改造前，这个家的常住人口有四口人，分别是赵先生、姐姐、姐夫、外甥孙女，但外孙女即将生二胎，之后也会住进来坐月子，加上外甥女婿，这个家在改造后将有七口人，也就是说，需要有四个独立的居住空间。

01、02 在这个不到 40 平方米的房子里，赵先生住在客厅。

03 姐姐和外孙女住在大屋，姐夫一人住在小屋，不仅如此，家里还养了两只猫。

完美呈现四室两厅一厨一卫、五彩斑斓的幸福之家

在收房时，大家看到的是一个不到40平方米的两室一厅，设计师大胆地运用多种颜色，使其变身为现在的四室两厅一厨一卫、五彩斑斓的幸福之家。这套房子变化最大的就是格局，设计师拆除了原有的次卧墙体，将原先过道和一部分次卧的空间改为现在的客厅。将进门右手的墙面做成照片墙，记录着一家人幸福快乐的生活点滴。不仅如此，设计师还非常巧妙地将配电箱隐藏在相框后面，避免了改造前配电箱裸露在墙上的安全隐患，同时也更加美观。照片墙对面的墙体，设计师用多种颜色精心装点，打造成一面赵先生作品的展示墙。

01 厨房太小，烟机灶具都已经损坏。

02 卫生间过小，储物空间不足。

方便坐月子的环保之家

原先的次卧只有姐夫一个人居住，不仅浪费空间，也缺少储物空间。经过打造，榻榻米的区域与新增的客厅相连，白天打开门，阳光射入客厅，客厅可以作为茶室，供家人聚会、聊天；晚上关上门，成为一个独立的居室。同时，这个空间也是为即将出生的小宝宝准备的。新生儿学爬行、走路时，沙发靠背成为一个天然的围挡和扶手，既保证小孩的安全，又可以锻炼行走，一举两得。此外，设计师还细心设计了适合婴幼儿的光源，保证新生儿健康成长。同时，这个空间绝对环保，木材都是纯实木，没有刷油漆，只涂了一层木蜡油。

设计师来做 24 小时体验时，特意询问了冬天暖气的情况，得知冬天室内温度比较低，根本不适合孕妇和刚出生的婴儿居住，于是果断地将取暖方式改为地暖。做了地暖后，冬天室内的温度可以达到 22 摄氏度。在施工时，为了预防地暖漏水，同时也为解决楼下邻居的后顾之忧，将整间屋子重新做了防水，包括阳台。

01 在旧物改造环节中，设计师程辉利用一截废旧的铁丝，打造了这个摆在茶室上的小物件儿，给平淡的生活增添了许多情趣。

02 分隔榻榻米和客厅区域的推拉门采用和纸做原料，和纸是源于日本的一种纸张，具有防水、不易破损、透光性好、安全环保的特点。

在榻榻米的下面和东面的墙上
设计了一个巨大的储物空间。

设计师将原先的厨房改成卧室，将原先的客厅改成硕大的厨房

设计师把原先的客厅打造成一个硕大的厨房。整个房间运用了一种节能环保的设备，即新风系统。新风系统可以在空气质量不好的情况下，保证室内拥有洁净的空气，还可以在做饭后消除室内的饭菜味或者其他异味。

设计师将原先的厨房改造成卧室，这里是为 60 岁的编织大叔赵先生量身定做的卧室。设计师在 24 小时体验时，发现赵先生经常把毛线球掉得满地都是，而且很多毛线球一旦滚到床下不易被发现。于是，在装修时特意在墙角挖了一个放置毛线球的洞，以后赵先生坐在椅子上织毛衣，再也不用担心毛线球乱跑找不到了。

赵先生的床下面设计了一张可移动的床，使用时可以拉出来，方便儿子来看望父亲时使用。

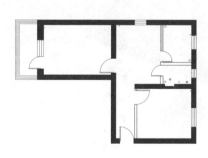

改造前平面图

改造后平面图

01 设计师选购了一种新型的一体隐藏式灶台，合上可以当桌子用，而打开后成为一个灶台。这种设备的抽油烟机和灶台的距离很近，所以吸油烟的效果比传统的机器增强了两倍。

02 设计师将客厅与餐厅之间的门做成了折叠门，以节省开门所需的空间，并且将面向餐厅的一面做成了镜子。

卫生间做了干湿分离的设计

　　原来的卫生间只有 1.8 平方米。由于卫生间常年潮湿，天花板已经掉皮，墙面砖也已经鼓包，随时有脱落伤人的风险。下水管道经常堵塞，洗澡只有一根皮管子。改造后的卫生间，拓宽了空间视野，实现了干湿分离的分区，可以保证在洗澡时马桶区域的地板不会溅湿。淋浴房安装了一个小的洗浴凳，老人可以坐着洗澡，既安全又舒适。洗浴凳的里面是空的，正好对应了赵先生卧室里设计师所挖的用于放置毛线的洞。设计师将洗脸盆放置在卫生间门外，由于家庭成员比较多，特意设计为双盆。

01、02 家里几位老人都已经60多岁了，所以设计师特意在洗手间的马桶旁安装了扶手。

在宽敞的主卧中隔出一间公主房

原来的主卧空间较大，但利用率不高，所以将主卧北边隔出一个小空间作为外孙女的公主房，不仅有效利用了空间，还解决了小姑娘需要独立空间的大问题，并且起了一个极具梦幻色彩的名字——"爱丽丝的梦幻小屋"。睡在里面，如同睡在空旷的大草地上，看着上面闪烁的星空，无比惬意。为了解决公主房的通风和制冷问题，特别在小屋与主卧之间安装了一个换气系统，夏天可以轻而易举地将主卧室的空调冷气通过换气装置送进小屋。在北边的墙上开了一个圆形的洞，用于采光，这个采光口不仅美观，还可以放置小台灯和相框等小摆件，使整个小屋更加温馨、可爱。

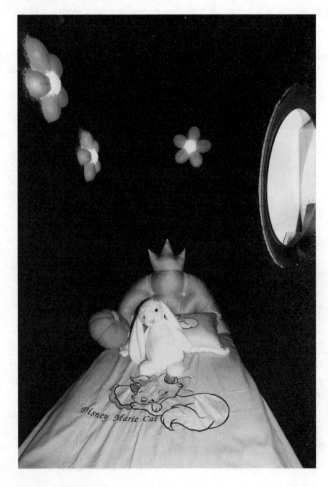

将小床下面悬空，中间作为储物空间，两边的弧度则开了多个气孔，冬天地暖的热量可以通过两边的小孔输送到小屋内，保证冬天里小屋的取暖。

　　主卧由于是赵先生的姐姐、姐夫居住，特意将色彩调整成灰白色调，有助于老年人的睡眠。将塑料编织地毯作为背景墙，有助于增强空间的立体效果。

　　细心的设计师在24小时体验时，半夜被猫"骚扰"，整晚都没有睡好。因此，特意将原来的阳台的一面墙设计成猫舍，并在地面铺设了像草地一样的地毯。

　　令人欣慰的是，在最终收房时，赵先生很满意，终于给了这位60岁的"年轻人"一个暖暖的新家。他对待生活的乐观态度是我们应该学习的。正如一部纪录片中曾说过，每个认真生活的人都值得被尊重。

01 去掉床头省出了20厘米的空间，由于没有床头，后背容易脏，所以那面墙用可以擦洗的编织地毯作为装饰。

02 人工草皮不仅价格低廉，而且非常易于清洁，可用湿布擦洗或用吸尘器进行打理。

08

导演　储光照

住在柜子里的家

16 平方米的房间变身为两室两厅一厨
一卫的梦幻魔立方

青岛老城区观象山脚下禹城路 /16 平方米的房间 / 杨先生与爷爷奶奶

韩光　韩光设计有限公司设计总监

　　毕业于吉林大学室内设计专业，2006年成立韩光设计有限公司，并任公司设计总监一职，中国室内设计师协会CIID高级会员，意大利多莫斯设计学院（DOMUS ACADEMY）荣誉学士，获得"中国十强设计师"称号，多次获得国内设计大赛金奖，交换空间推荐设计师，山东地区的室内设计领域领军人物。从业近20年来，在样板间、高档私宅、酒店、办公楼等高端项目中作品众多，业绩卓越。

　　代表作品：青岛中能足球办公楼、邻客创意公社、寿光政府酒店、山东佳士博食品集团办公楼、石湾别墅样板间。

天泰蓝泉家装项目

中海石化办公项目

金山别墅项目

不足 16 平方米的空间里承载着卧室、餐厅以及客厅三种功能

　　青岛老城区观象山脚下禹城路附近，有一处典型的德式建筑，距今已经有 100 多年的历史，曾经是德国海军俱乐部的旧址。整座建筑除了外墙是砖石结构外，内部全是用木头搭建完成。三层拐角一间不足 16 平方米的房间就是户主杨先生和其爷爷、奶奶的家。1964 年，杨先生的爷爷杨业曾和奶奶钱赛飞，经人介绍后相恋结婚。两年后，杨先生的姑姑和父亲先后出生，由于没有房子，杨业曾的工作单位就把这间不足 16 平方米的房间分给了他。两个大人和两个孩子就这样挤在一个小房间里，生活了 20 多年，直到结婚后杨先生的姑姑和父亲才从这里搬走。1989 年，杨先生出生后，父母调到了外地工作，留下杨先生和爷爷奶奶相依为命。从小到大，杨先生所有的钢笔、铅笔盒、书籍等学习用品都是爷爷奶奶给他买的，这些东西杨先生一直珍藏至今。

01 杨先生祖孙三人居住的房子，曾经是一个德国将领的衣帽间。

02 小厨房条件十分简陋，面积只有 3 平方米，在里面做饭炒菜，还把坐便器安在了厨房里。另外，小厨房还是淋浴间，三个区域完全混合在一起。

整个房间被隔成里外两间，里屋的 8 平方米承载了卧室、餐厅以及客厅三个功能。外屋的 8 平方米除了用来洗菜、洗衣服、洗澡和生炉子取暖外，每天晚上还要承载厕所的功能。20 多年来，杨先生只能睡在一个仅用四根铁架做支撑且由两块木头搭建而成的柜子里，面积不到 2 平方米，柜子底下就是爷爷奶奶的床。每天晚上，杨先生都需要借助梯子往上爬。整个柜子的高度还不到 1.2 米，只能勉强坐直身子，躺下后翻身都很困难。不仅如此，整个房间仅外屋有一个水龙头，平日里一家人刷牙洗脸、洗头、洗澡都需要在唯一的洗水池内完成，甚至连洗菜淘米、刷锅洗碗、洗衣服也在这里进行。除此之外，一日三餐同样是困扰杨先生一家的大问题。每次做饭，杨先生奶奶都需要事先将切完的菜端到楼道的小厨房里，做完再端回房间。小厨房条件十分简陋，面积只有 3 平方米，在里面做饭炒菜特别不方便。更让人无法接受的是，家人还把坐便器安在了厨房里。不仅如此，小厨房还是一家人的淋浴间，三个区域之间没有任何阻挡，完全混合在一起。杨先生爷爷、奶奶就在这样的环境里，生活了整整 50 年。两年前奶奶不幸患上了肾癌，为了保命，不得不将其中一个癌变的肾脏摘除。紧接着，爷爷又突发脑血栓，留下了严重的后遗症。这让杨先生很担心，他怀疑爷爷奶奶相继重病和居住环境有关。《暖暖的新家》栏目组接到杨先生的求助，决定帮助他们一家。

01 杨先生睡在面积不到 2 平方米的柜子里。柜子下面就是爷爷奶奶的床。

02 做饭时，床变成临时操作台。

03 在厨房里上厕所、洗澡，非常不便。

在纯木质地板上建厕所和淋浴间

为了方便杨先生和爷爷奶奶在新家里生活，设计师决定将厨房和卫生间设计在房间内部，在不到 16 平方米的空间内，规划出一厨、一卫、两厅两卧五大功能区六个独立空间。然而，在整个方案实施过程中，最大的问题是，杨先生和二楼邻居家紧靠上下两层地板隔开，中间填充的是用于防潮的煤渣，一旦撬开地板重新做基层，容易造成坍塌。要在纯木质地板上建厕所和淋浴间，还要保证滴水不漏，不能影响到楼下邻居，规避卫生间渗水也是个大难题。另外，由于房间面积过小、层高过矮，设计师只能利用错层，在爷爷奶奶的卧室上面为杨先生打造一个开放式房间。

01 杨家和二楼邻居家靠上下两层地板隔开，板和板之间填充的是用于防潮的煤渣。

02 设计师让工人们用电钻在地板上均匀地打出硬币大小的洞，又往每个洞口内注入具备隔音保温功能的聚氨酯发泡，牢牢吸附住地板夹层中间的防潮碳灰，起到稳定结构的作用。

03、04、05 一体化卫生间解决了渗水的难题，而且老年人使用起来还很方便，适用于木质结构小户型厕所的改造。

装修进程过半，户主杨先生要求再增加一个卧室

　　就在装修进程过半时，一个人的出现，让原本看似顺利的工期不得不面临停工的风险。原来，杨先生有一个交往了 5 年的女友，两人打算结婚，杨先生希望婚后可以和爷爷奶奶继续生活在一起，而女友因为空间过小且缺乏私密性，不同意婚后住在一起。两个人因为这个问题，经常吵架，几次面临分手和冷战的尴尬。

　　一边是将自己抚养长大的爷爷奶奶，另一边是深爱的女友，杨先生左右为难。

按照现有的设计方案，开放式阁楼没能很好地解决私密性问题，因此杨先生再次找到设计师，希望他重新修改方案，再设计一间独立且私密的卧室。为了帮助杨先生和女友许诺，设计师欣然答应了杨先生的请求。装修进程过半，再大改方案是大忌，坚持改方案一定会打击工人们的积极性，他们也不赞同自己的做法，设计师本可以委婉转拒绝杨家人的"刁难"，可为何毫不犹豫地答应呢？在我们的追问下，韩光向我们说出了藏在心底多年的一个秘密。

原来，韩光从小由姥姥姥爷抚养长大，大学毕业后离开家乡来到青岛开始创业。就在韩光刚参加工作不久，姥姥就患上了脑中风，姥爷得了肾病，遗憾的是由于病情较重，两位老人先后离开人世。为姥姥姥爷设计一套房子是韩光一直以来的愿望，可惜因为两位老人突然离世，这个愿望永远无法实现。在杨先生爷爷奶奶身上，韩光看到了自己姥姥姥爷的身影。韩光坦言：这可能是上天给我的一次机会，让我作为孙子为长辈做一件事情。我坚信，通过我的设计能为杨先生和其爷爷奶奶营造舒适、良好的生活环境，提高他们的生活质量，爷爷奶奶在此安享晚年。至此，我们明白了韩光所有的努力和坚持。为设计而设计，设计出来的只是一座房子，但如果设计带有温度和温情，那么设计出来的就是一个温暖的家。

杨先生和女友不想居住在二层的开放式阁楼内，设计师只能重新修改设计方案。

16 平方米的两室两厅一厨一卫

　　经过近 40 天的工期，设计师最终在这间层高只有 3.3 米且面积不到 16 平方米的房间里打造出两室、两厅、一厨、一卫的五大功能区六个空间。

　　爷爷奶奶的卧室仍然保留在原地，设计师只是调整了床的摆放位置，原来横着的床现在竖了过来。以前，爷爷每次起夜都需要跨过奶奶的身体再下床，容易吵醒对方，如今爷爷可以通过床尾下床直接进入厕所。

　　屋内取暖采用远红外取暖器，其最大的特点是可自由设定温度，并根据人体舒适程度来回调节。

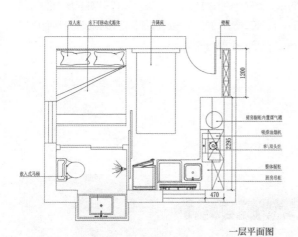

一层平面图

二层平面图

设计师设计了一套整体储物柜。上层用来储藏大件物品，中间可以摆放一些零碎的小物件，下层是鞋柜。

移门的设计，不仅可以将卧室和客厅隔开，形成一个独立的私密空间，而且冬日里可起到保温和节能的作用。移门上的图案是一棵大树，寓意"爷爷奶奶像大树一样长青，健康长寿"。

床下足够大的空间可以用来收纳一年四季的衣物。设计师利用卧室顶部的空间，安置两个电动衣柜，收纳也显得特别方便。为了增加卧室的采光，窗户改造成飘窗。

最终，设计师运用"时间偷换空间"的概念，在客厅底部做了一套隐形升降床，电动升降床通过暗藏在沙发后的电机带动上下平稳升降，白天

是客厅的天花板，晚上降下来就变成一张床，承重可达 1000 千克以上。这项技术之前在国内从未有人尝试，为了保证升降时床体的平稳性和安全性，设计师无数次去工厂进行测试，安装完毕后又经过多次调试，最终成功完成。夜间休息时，只要将中间的移门拉上，里外两屋就形成两个完全独立的卧室。

最终收房时，在女友不知情的情况下，杨先生突然求婚，这突如其来的幸福场面让在场所有人感动到泪流满面。

01 设计师特意做了一个专门放置药物的柜子。

02、03 尽管卫生间只有3平方米，可是视觉上扩大了整整一倍，设计师把原来的窗户往外延伸做了飘窗，与整个卫生间连成一体。

04、07 夜间休息时，只要将中间的移门拉上，里外两屋就形成两个完全独立的卧室。

05 嵌入式洗衣机的位置在整个操作台的末端，合理利用空间的同时，也有利于厨房整个操作台面的延展。

06 将原先狭窄的洗水池和切菜台改造成一个宽敞的开放式厨房，解决了择菜、切菜和和面、擀面的问题。

08 随意调整方向的水龙头配以黑色水槽，既方便洗东西，又不容易产生卫生死角。

09 把厨房搬回到房间内，为了让油烟顺利排到室外，设计师专门挑选了这款隐藏式抽油烟机。

10 厨房墙面选用花色瓷砖，方便清理的同时，也避免了白色瓷砖给人带来的压抑感，使人放松心情，享受烹饪带来的乐趣。

11 考虑到爷爷喜欢倚靠在床头看报纸，设计师特意将床头整面墙做了软包，另外在床头加了两盏射灯，供爷爷夜间读报照明之用。

09

10

11

09

导演 娄霄霄 夏智钰

零家具跨国之家

23 平方米的 loft 变身为豪华七居室

北京 /23 平方米 loft/90 后跨国夫妻

张海翱　上海华都建筑规划设计有限公司
总经理助理、国际所所长

同济大学建筑学学士，同济大学建筑历史及理论硕士，同济大学城市设计及理论博士，上海华都建筑规划设计有限公司总经理助理、国际所所长。曾获得全国工程建设项目优秀设计成果一等奖、詹天佑奖、鲁班奖、中国设计红星奖等奖项。他坚持用设计的线条、空间、结构和形态，诠释中国建筑哲学中的"天人合一"思想。敢于走在时代之前，赋予建筑独一无二的想象力和前卫精神。

代表作品：2014 北京 APEC 峰会主体酒店、北京日出东方凯宾斯基酒店建筑项目、东莞南城总部基地项目等。

山东邹平规划展览馆

中国电信（安徽芜湖）数据中心

北京日出东方凯宾斯基酒店

与前面的委托人不同，这是一对 90 后跨国小情侣——Tina 和李翔。这次设计是一次全新的尝试，也是一个不小的挑战。Tina 的母亲是俄罗斯人，父亲是地道的北京人。因为从小在北京长大，Tina 说着一口流利的中文，也是电视台的常客，爱好说相声。李翔在拍卖行工作，酷爱摩托车，从小学习网球，留学日本，深受日本文化的影响。

Tina 和李翔是在一次活动上认识的。李翔对 Tina 一见钟情，Tina 因为李翔的大小眼多看了他几眼，却让李翔会错了意。接下来的日子里，李翔锲而不舍地展开追求，Tina 则由一开始排斥，到慢慢被李翔北京爷们的气质深深吸引。终于，有一次，Tina 到外地演出，李翔惊喜地出现在演出地点，两人确定了恋爱关系。欢喜冤家的剧情也由此展开。

因为所受文化不同，独立有主见的 Tina，偏爱欧美风。李翔则是典型的北京爷们儿，喜欢古典风。在性格上，Tina 大大咧咧、果敢任性，李翔幽默随和。在饮食上，Tina 喜欢吃西餐，绝不碰带汤水的食物，而李翔则喜欢吃面食、火锅。因此，每次吃饭都要相互迁就，点两份，大多是靠点外卖凑合。生活中棋逢对手，摩擦斗嘴不断，却也过得甜甜蜜蜜。转眼三年过去，两人准备结婚，有了一套婚房，但这房子不仅没有增进感情，反而使得矛盾升级。

他们的婚房是一间面积仅有 23 平方米的楼房，房高 3.6 米。Tina 想要一个偏欧美工业风的房子，喜欢 loft。李翔想要一个古典家居风格的房子，喜欢榻榻米。两人喜欢的装修风格不统一，同为 90 后，两人又都坚持自己的想法，互不相让。因此，装修问题一直被搁置，家里没有一件家具。衣服、鞋子堆得到处都是，连上二层的楼梯也是用柜子搭建而成的。大方向不同，小矛盾更是不断。

01 从一层进门左边是卫生间，卫生间对面就是厨房，再往里走是客厅，二层仅仅是睡觉的地方。

02 狭窄的台面，摆一个电磁炉和案板，基本就没有地方了。锅碗瓢盆只能放在地上，还要时刻小心，不要被家里的小狗碰倒。

03 楼梯是由柜子搭的。又窄又陡，一踩上去左右乱晃，随时有倒塌的风险。

04 二层的层高不到 1.3 米，只有一个床垫，睡觉时，就像睡在一个火柴盒里，闷得喘不上气！人在上面只能弯着腰走。

05 没有储物柜，洗漱用品只能摆在马桶上。

刚接到这个项目，节目组与设计师都犯了难，一是头疼如何解决两人的观念分歧，二是这间高度仅有 3.6 米且面积仅有 23 平方米的房子，如何打造成满足两人生活需求的多功能 loft？！难度之大，史无前例。

通过接触，发现其实 Tina 和李翔作为 90 后，虽然各有自己的个性，但性格不错，开朗健谈，每次说到对方，几乎都是溢美之词，可以感受到彼此的情意。

设计师竟把停车库搬进家里

设计师为此多次与工作室的同事们讨论方案，但一直没有结果。本来以为，这次设计可能以失败告终。然而，出人意料的是，设计师路过地下停车库时，突然有了灵感。虽然 Tina 家高度不够起二层，但如果利用有限的空间做出可上下移动的楼板，用时放下来，不用时升起来，在不同的高度打造不同的功能区，是否可以解决空间划分的问题呢？

有了这个想法之后，大家都很高兴，但没有想到，想法是有了，实现起来却困难重重。首先，市面上根本没有相关产品。再者，就算找到专业人士来定制产品，排除技术难关，又如何保证楼板的安全性呢？

为此，设计师最终决定找长春的一家德国汽车厂商合作。德国设计师刚听到我们的想法时，觉得我们一定是疯了，为何把工业设计改为家用？设计师则有自己的考虑，现在的年轻人大多处于奋斗阶段，没有钱买大房子，但又想过得很舒服。因此，想做一次尝试，即能否在小户型内打造多功能空间，既现代有个性，又经济实用。

与德国设计师沟通后，出于安全考虑，排除了停车库常用的四根钢丝吊起楼板的方式，最终确定用四根螺旋式钢柱控制楼板的升降，既稳定又新潮。在厂房专门找了很多新材料，做了不少实验，确定了一种可承重超薄式楼板。

由于装修，夫妻双方矛盾升级

在装修过程中，户主是不允许回家的，但因为这对夫妇很特殊，所以他们有两次观看"直播"的机会。Tina 一直想住 loft，看到拆掉了二层，很不高兴。为了打消户主的顾虑，设计师专门飞往北京来解释这件事，并许诺会有二层。

第二次直播时，Tina 发现家中地面上多了很多钢板一样的东西，心里不踏实，就和李翔来到施工现场，意外地从工人那里得知家里居然多了一个浴缸？！本来空间就小，还要有浴缸的位置，这让 Tina 颇为恼火。

原来，李翔一年四季喜欢骑摩托车，冬天回到家就想暖和暖和泡个澡，而且因为留学日本，有坐着洗澡的习惯。因此，第一次"直播"后，李翔要求设计师设计一个可以坐着洗澡的浴缸。然而，Tina 认为李翔态度不端正，未商量就自作主张。两人矛盾激化。

本来两个人为了有个爱的小屋，而从各自舒服的家里搬出来，但没想到，婚姻生活并不像想象中那么容易，因为不成熟、不谦让，经常磕磕绊绊，每天并不开心。这次分开之后，两人冷战了很长一段时间。

Tina 出差来到上海，惊喜地发现了李翔让母亲塞进行李箱的药箱。Tina 有胃疼的习惯，每次出差总会水土不服，以前都是李翔帮忙准备，这次他依然记得。

走得越近，越会把对方的好变成理所当然，本来只需要一个拥抱，可后来却要求越来越多。几乎一瞬间，Tina 和李翔深深地明白了对方对自己的意义。太长时间，无关紧要的小事造成了不可弥补的伤害。时间会冲淡感情，却也让感情更加深厚。

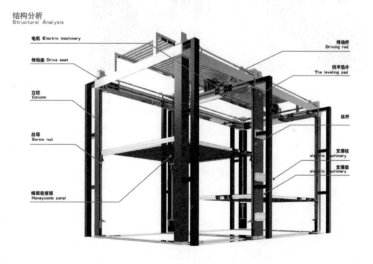

结构分析
Structural Analysis

电机 Electric machinery
传动杆 Driving rod
传动座 Drive seat
找平垫片 The leveling pad
立柱 Column
丝杆
丝母 Screw nut
支撑柱 electric machinery
支撑梁 electric machinery
蜂窝密度板 Honeycomb panel

01 设计师把洗手池从卫生间里挪了出来，台面上的定制柜体，可以放置洗漱用品。

02 在娱乐模式下，床的正对面安装了一块电动幕布，可以用投影仪放电影、电视剧。足不出户，就可享受影院的超舒适感觉。

03 在茶室模式下，靠窗的楼板采用榻榻米的设计。高度比书房的地面略高，在视觉上形成了空间差。

04、05 客厅的整个电视柜，其实是一块可以活动的墙体，将电视柜往前推，便形成一个独立的健身房。

完美呈现可移动楼板的七居室

装修过程紧锣密鼓，终于到了收房的这天。Tina 和李翔和好如初，进房间的那一刻，他们惊呆了，原本 23 平方米狭小、低矮的小开间，在设计师的精心改造下，神奇变身为极具现代感的"百变智居"。

设计师将新房的风格定为"现代工业风"。起居空间的主色调为白色，搭配顶部延伸到地板的 LED 灯带，使得整个空间更加宽敞、明亮，原本让人倍感压抑的环境被彻底取代。厨房和卫生间采用现在年轻人最喜欢的工业风设计，复古味儿十足。

一进入新家，首先映入眼帘的是厨房大片的红色砖墙。白色的整体橱柜，表面全部是有机玻璃，中和了砖墙带来的复古感，十分前卫。在洗手池旁边的墙面上，这块可以反光的方形板材，不是镜子，而是一块金属板！不惧油烟，更好清理。厨房的台面，增加了 1/3 的长度，操作面积大大增加。户主再也不用担心东西放不下了。

原本的卫生间干湿不分，是蟑螂滋生的温床。现在，淋浴区和马桶用玻璃门隔开，底部设有凹槽，防止水流到马桶底部，彻底实现了干湿分离。淋浴室旁的小台阶，可以通向坐式的浴缸。浴缸旁还有一个窗户，用电动窗帘隔开。泡澡时，还不耽误看电视。智能镜子，可显示时间和天气，还能听收音机、放音乐。

原来的卫生间放不下洗衣机，每次洗衣服都得从柜子里把洗衣机搬出来，十分麻烦。现在洗衣机终于有了自己的"地盘"。户主也终于和迷你洗衣机说再见了。墙面采用黑板漆，既防水，又能在上面随意涂画，记录生活小事。

原本被浪费的房间顶部，全部做了储物柜，储物空间成倍增加。客厅地面，采用环氧自流平的工艺，这是一种环保无公害的油漆涂料，保证施工后的地面不起皮、十分平整。

设计师在客厅区域设置了两块可上下移动的楼板。室内的黑色立柱，其实是支撑可移动楼板的钢架。楼板停在不同的高度都可以从柜子里翻出不同的家具，形成新的功能区。原本的小开间神奇变身为七居室。

模式一：起居模式

两块楼板都升到 2.95 米的高度，保证一层的宽敞和舒适。楼板下方安装了整块的灯光，光源均匀，让空间更加明亮，所有家具都是可翻折的。电视下方隐藏着餐桌，中间由滑轨连接，既可以拼成两人使用的窄桌，也可以拼成多人使用的大餐桌。在客厅中央的柜体旋转出来，便形成一个极具时尚感的小吧台，可以放置酒具。

模式二：书房和茶室模式

将两块楼板升到 1 米的高度。左侧是书房区域。将折叠门打开，可以看到容量超大的书柜。下方台面的高度适中，户主使用电脑、看书，都十分舒适。

模式三：睡眠模式

将内侧的楼板升到顶部，靠窗的楼板降到 0.45 米的高度。把榻榻米的面板翻折起来，一个超大的双人床就出现了！

模式四：娱乐模式

当前的两排凳子，同时坐七八个人都没问题。朋友来时，可以一起吃爆米花、看电影。

模式五：多人居住模式

用动画演示将两块楼板都升到 1.9 米的高度，从柜体翻出单人床，形成了一个小客房。楼上楼下都能住人且互不干扰，私密性良好。为了保证安全，设计师一共设计了四重安全保障。第一重是这个面板的密码。第二重是红外线感应。第三重是断电后可以稳稳停止。第四重是紧急停止按钮。

曾经狭小、凌乱的小开间，通过楼板的上下移动，形成了丰富的功能区。客厅、餐厅、书房、茶室、卧室、客房、健身房，共有七居室！

10

导演 张飒飒

胡同里的我们仨

12.9 平方米的"蜗居"神奇变身为
三室三厅一厨一卫

北京大栅栏大耳胡同 /12.9 平方米的住宅 / 姚家三口

连志明　北京意地筑作室内建筑设计事务所创始人

大然设计品牌创始人，中央美院客座教授，清华美院艺术陈设设计研修班讲师。自 1995 年至今，连志明在室内建筑空间设计的领域里深耕 20 载，其设计作品曾荣获国内外多项奖项。作为一名设计师，他将自己对空间的认识和理解倾注于室内环境中的空间形态、光影，以及室内材料肌理的研究中。

他善于在室内环境中营造法式新古典主义的浪漫与奢华风情，亦能以全新视角演绎传统文化在设计领域的当代表达，诠释了软装设计师的细腻与建筑师对于空间关系的理解。

北京赤峰精品酒店

北京金地门头沟永定镇项目示范区高层 140 样板间

琨御府大堂及 12 号楼样板间艺术陈设

上海金地售楼处

"天棚鱼缸石榴树，先生肥狗胖丫头"，这是生活在北京四合院里小康人家的最好写照。过去北京的胡同遍布京城，老北京人说："有名的胡同三百六，无名胡同似牛毛。"细数胡同的历史也有700多年了。"胡同"这个词，似乎已经成为老北京这个地界的代名词。这次即将要免费装修的这户人家，是一对小夫妻，他们住在位于北京大栅栏商业街附近的大耳胡同19号，这间房子可以追溯到100年前，当初只有一户人家的院子，现在里面居住了10户人家。姚家房子很小，只有12.9平方米。男主人在这里已经生活了将近30年，以前和父母三口人住，现在和妻子两个人住在这个蜗居里。

极限改造方案还要增加儿童生活空间

姚家一共分为三个区域，淋浴间、厨房和卧室，在不到2平方米的淋浴间里要完成洗衣、洗澡、洗碗、洗脸、刷牙等一切与水有关的日常生活内容，同样不到2平方米的厨房，居然是三个门出入的区域。

房子虽然地处北京城的中心位置，上下班都很方便，但空间实在是太小了，只能容纳极少量的家具和一张双人床。家用电器的摆放空间更是"一个萝卜一个坑"，再也添不得一件大物件；而储物空间也十分有限，甚至放不下两人两季的衣物。小房子不大的卧室既是餐厅又是客厅，同时作为书房和收纳房。设计师前去测量房屋尺寸时与小两口在家中进餐，其中一位设计师只能站着吃晚餐。

01 在这个2平方米的厨房里，根本没有安放抽油烟机的地方，每次炒菜要把房门打开。

02 淋浴间除了承载日常洗漱、淋浴的功能，也是洗碗、洗菜的空间。

03 卧室只有一个通风窗口，把洗完的衣服晾在房间内，不通风的环境和湿气，让整个房间充满发霉的味道。

然而，临近开工，女主人的怀孕让本就局促、简陋的住房环境更成为家中的最大难题。平房没有厕所的不便顿时更加凸显，每次上厕所，怀孕的女主人至少要走上 100 多米的距离，在冬天更加不便，甚至易造成危险！

　　12 平方米的长条形房间好像一节"小火车"的车厢，这里要住下夫妻俩和即将出生的小宝宝，还要干湿分开、分割出各类居住功能分区，并且方便孕妇和未来母婴的日常生活。常人看来这简直就是不可能实现的，而设计师则要实现这些设想，将这间平房改造成小两口和未来宝宝的"别墅"。

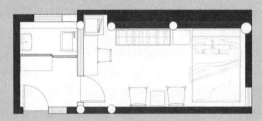

原始平面图

◆ 空间问题清单

（1）冰箱和洗衣机的容量小，不能满足正常生活使用需求。

（2）储物空间有限。

（3）淋浴间和厨房空间小。

（4）屋内没有卫生间。

（5）通风换气差，潮湿严重。

（6）餐桌也是办公桌。

（7）老鼠经常出没。

装修期间意外不断，设计师决定先加固老房子

　　就在拆开房屋内部结构后，这间只有 12.9 平方米、有着 100 多年历史的老房子的真面目终于被揭开，这间老房子的地面屋顶，甚至是具有支撑作用的柱子，都出现了安全问题，尤其是地面下挖的施工，根据设计师的要求，房屋下挖大概 40 厘米，但工人挖开原有的地面后，发现地面下的土质非常松软，如果继续下挖，承重墙很可能倒塌。如果把房子比作人，那么地面、地基、柱子就像是人的骨架，现在架子出现了问题，就必须首要解决。于是，设计师决定分段施工，先修复老房子。

01、02 狭小的施工现场。

03 设计师在地下安装了地暖，热风进入下面的木格空间，孩子穿着袜子在地上跑就不会感觉冷了。

04 改造后的餐厅与客厅区域。

05 可移动的柜子巧妙地划分出书房区域。

06 整体被下挖了 40 厘米，一部分作为厨房和卫生间，另一部分作为客厅地下的收纳空间。

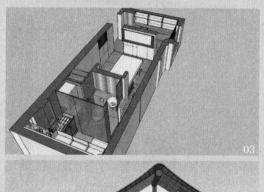
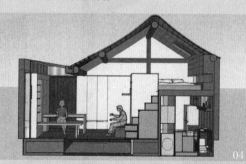
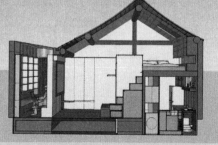
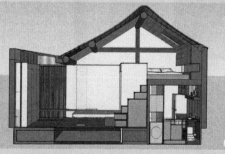

空间处处有玄机，12.9 平方米的空间神奇变身为三室三厅一厨一卫

历时 45 天，这间 12.9 平方米的胡同平房，终于装修完成了。原来没有功能分区的横向布局的房子，在设计师的改造下，变成了功能齐全、纵向延伸的三层迷你小别墅。

现在的新家变得宽敞明亮、空气清新。这套"迷你小别墅"包含一个可供四五个人一起吃饭的餐厅、一个家电齐全的厨房、两个卧室、一个可以轻松淋浴的卫生间，以及一间书房和一个放映厅。与之前相比，家中的收纳空间是原来的五倍多，现在小两口再也不愁衣服放不下了，休息的时候可以痛快地"夫妻双双大采购"。房间的采光更与改造前有天壤之别。白天，温暖的阳光照进来；夜晚，"举头望明月"，躺在床上发呆，即使不开灯屋里也能读书、做饭。

01 泥土制作的古朴门牌。

02 原本厨房的砖瓦屋顶改造成从东侧到西侧的三块巨大的钢化玻璃，房屋采光
面积增加了五倍。

03 在柜子里延伸出一个餐桌和一排餐椅，可以供八个人就餐之用。

04 柜子顶部还隐藏了一个投影幕布，在家里也能享受家庭影院的感觉。

05 柜体墙在房间的南侧隔出来一间书房。

　　这次小平房的改造方案，设计师可谓绞尽脑汁，以便让这未来的一家三口生活得更加舒适和幸福。同时，设计师希望亲手为户主制作一份特别的礼物，祝福他们未来的家庭生活。设计师用一份饱含温暖的礼物诠释了爱的魔方——"我们仨"。

01、02 三层的卧室距离房顶的最高点 2.2 米、最低点 1.7 米，成年人也可以在卧室区挺直站立。

03、04 隐藏在沙发背景墙后的老人床，方便老人留宿使用。

05 设计师选用比普通瓷砖薄一半的石头墙砖，既经济耐用又节省空间。

06 为了节省空间，设计师将水箱巧妙地隐藏在墙里面。

11
导演　冯乐

毛猴之家

18 平方米的住宅变身为两室三厅两卫的家庭艺术博物馆

老北京什刹海 /18 平方米的住宅 / 郭家一家三口

刘道华　华开设计院院长、刘道华设计事务所创始人

　　跨界设计师，国内知名空间设计师，建筑学学士，擅长将建筑思维运用到室内空间中，以塑造"当代艺术与中国传统文化相融合的室内空间"为根基。资深室内建筑师，中国装饰协会软装陈设专家委员会专家委员、餐饮空间设计专家、大董餐饮等众多品牌御用设计师、"Interior Design"年度封面人物。

　　多次荣获艾特奖、金堂奖、筑巢奖、"中国室内设计二十年总评榜"、国际建筑装饰双年展、德国 IF 奖、红点奖等国内国际奖项。

北京侨福芳草地小大董店

北京大董烤鸭店（工体富春山居店）

北京大董烤鸭店（木樨园店）

01 用中草药做成的毛猴是北京独有的民间手工艺品之一，被列为"国家非物质文化遗产"。

02 18平方米的房子被隔成了两层，一层是售卖区，二层是休息区。

03 一层是展示和售卖区。

　　"毛猴"，对于大部分人来说是一个陌生的词汇，常常让人误认为是自然界猴子的某个种类，其实是流行于道光年间传承至今的一种老北京汉族传统手工艺品，手工艺人运用蝉蜕、花蕊等素材进行创作，塑造某个生活场景或者某个人物形象，目前已经成为非物质文化遗产之一。什刹海后海大金院胡同11号是郭氏毛猴之家，居住于其中的郭氏夫妇就是毛猴手工艺的传承者之一，十几平方米的面积，既是生活空间，也是毛猴展示售卖空间。

　　设计师刘道华第一次走进郭氏毛猴之家时，只见一层摆放着各种毛猴、生活用品等物件，不到18平方米的空间，承载着客厅、餐厅、厨房、卫生间、厨房、洗浴间、工作室、毛猴展示售卖区等多个功能，而厨房、卫生间、洗浴间、工作室位于同一个空间中，其中做菜的灶具直接放置于马桶上面，洗浴的空间只有几十厘米宽，仅能容纳一个人，连身体都无法转动。而二层除去楼梯入口面积，也只有12～13平方米，堆满各种生活用品、家具，连床都无法安放，郭氏夫妇平常睡觉时只能打地铺，唯一的孩子只能在外租房度日。

为了更加深入、详细地了解房屋的问题，刘道华特地在郭氏夫妇家住了一晚，他说，特别不方便，早上起来只能排队上卫生间、刷牙洗脸，所有人都洗漱完毕之后，才能开始做早餐。卫生间只有一间，患有糖尿病的郭夫人，夜间常常跑到楼下解决问题。"真的无法想象这个空间，让人怎么去生活"，看到作为非物质文化传承人的生活如此不方便，刘道华感触颇深。房子除了面积特别小、功能区划分混乱外，同时还存在保温、防潮、层高等多个问题。

01 展柜后方的小空间是堆放杂物和就餐的空间。

02 最西侧 0.5 米宽、3 米长的空间承载着卫生间、厨房、工作间三大功能，使用起来极其不便。

03 大门正对的展柜后方是通往二层的楼梯。

04 二层是郭氏夫妇两人的休息区，由于受房子高度的影响，上了年纪的夫妇俩只能在地上打地铺。

◆ **空间问题清单**

（1）马桶上方炒菜，折叠灶台存在安全隐患。

（2）厨房狭窄，使用不便。

（3）卫生状况堪忧。

（4）厕所的台阶过高，老人使用不便，儿子经常撞到头。

（5）屋顶结构限制了层高，只能打地铺。

（6）没有地方晾衣服，屋内光线昏暗。

前期规划，十几个设计方案被推翻

对于经常做上千平方米面积的餐饮、办公室空间设计的刘道华来说，这样一个项目确实是非常大的挑战。正如他所说，"餐厅或者办公空间，面积充足，可以发挥我的特长，来做层次、做造型，但这个项目只有十几平方米，而家庭住宅在满足功能需求的同时，必须既美观又舒适。同时，建筑整个外立面不能做大幅度的改造，而设计师恨不得将整个房子拆掉重建，因此限制非常多。"

为了使空间兼具舒适与美观，刘道华及其团队成员，在前期平面和交通流线的规划方面花费了大量精力，方案在短短的 15 天之内做了十几个版本，尤其是楼梯位置的安排，更是大费周折。在最早的方案中，设计师规划将整个屋顶揭开，往上加建，改变楼梯的位置，但因为房子的所有权属于政府，私人不能随意对外立面进行加建改造，所以又将楼梯设计到原来的位置，后来几经周折，把楼梯移到了大门入口处左侧，又因为这个位置一层高度是 2 米，二层只有 1.5 米，将空间做了挑空处理，靠近街道的两个窗户刚好解决了采光问题。同时，挑空处理也便于一层和二层的通风。楼梯的位置确定好之后，其他功能规划便依次展开。

一层原始平面图

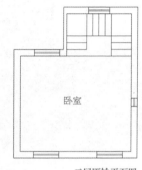

二层原始平面图

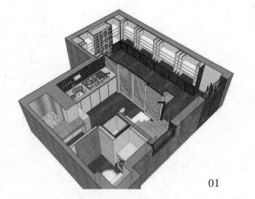

01

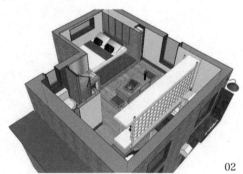

02

01 屏风拉成一条直线，既可以将毛猴展示区与里侧的厨房进行隔离，又避免了访客进入生活区的烦恼。

02 二层设置了客厅和卧室两大功能区。

打造"家庭艺术博物馆"

郭氏毛猴之家，并不是完全的私人住宅空间，同时兼具毛猴制作和展示售卖的功能，因此设计师在规划整个空间时，采用"家庭艺术博物馆"的设计概念，由于毛猴色彩丰富，一层采用沉稳、安静、简单的黑白灰色调，打造具有艺术博物馆展示功能的精致空间；二层以暖色调为主，色彩丰富，温馨舒适。

设计师对一层原本混乱的功能区做了合理的规划，同时，最大限度地利用有限的空间，满足郭氏夫妇生活、工作的需求，比如，白天用于展示售卖毛猴的背景墙，晚上翻转过来就是一张床，旁边的维拉屏风打开之后，就形成一个私密的空间，成为郭氏夫妇孩子的卧室。同时，郭氏夫妇制作毛猴的过程是保密的，因此维拉屏风的设计将开放空间和生活区分隔开来。

01 大门和门口均采用做旧方式，配合仿旧的壁灯，凸显了老北京的胡同特色。小房子壁灯下的榆木门牌是设计师亲手设计的，彰显了户主手工匠人的身份。

02 原本被展柜隔离的狭小空间变得舒展、开阔，整面墙为展示毛猴量身定做的柜子。这样的布局更有利于访客进行观赏。同时，柜子的纵深也有利于同一题材毛猴的存放。

03 一层的照片墙，其实是一个隐藏的壁床。晚上营业结束后，将照片墙拉下，成了一个独立的床铺。厨房和毛猴展厅的中间有四个可以滑动的屏风。晚上打烊之后，屏风可以组成 L 形，再将壁床拉下，形成一个相对独立的卧室。

毛猴的展示区并不限于一层，将地面、墙面、中庭甚至吊顶都做成展示区。墙壁上增添了一幅郭氏夫妇创作毛猴的原创漫画，让空间灵动而调皮。另外，原先在房子中的厚重的墙壁被打掉，洗手间、淋浴间、厨房、餐厅各个功能区分隔出来，抽屉式菜板、多功能桌子大大提高了空间利用率。

二层作为郭氏夫妇的私密空间，设计师在墙面设计了一张床，床底下有储物功能，墙面兼具储物功能，同时，考虑到郭氏女主人患有糖尿病，每晚要去三四次卫生间，于是在二层增添了卫生间功能区，并放置沙发、电视、小桌椅，成了简单的客厅。因为空间面积狭小，所以设计师并没有做太多的造型，只是将原来的梁木裸露出来，同时，在二层开了窗户，通过窗户可以看到什刹海风景，成了家中的一幅随着四季变化的风景画。

设计与美观并无多少关联，更多的是对人性的关怀

郭氏毛猴之家，经过短短45天就顺利完工，对长期从事餐饮、办公空间的设计师来说，是一次大胆的尝试，同时收获颇多。他说，最大的收获来自对以往设计思维的冲击，以及对人性关怀的注重。比如，因为郭氏男主人患有哮喘病，一到雾霾天和冬季就会缺氧，而搬着氧气罐上下楼特别不方便，于是，我们为他打造了一个氧气系统，在二层直接就可以吸氧，这样的设计与美观并无多少关联，更多的是对人性的关怀。"设计为人服务"的理念，不仅适用于住宅设计，同样也适用于餐饮办公空间。

01

02

01 厨房宽敞、设备齐全，在马桶上做菜的尴尬再也不会出现了，能拉伸的多功能桌子，可根据需要调整大小，最多可容纳 10 人侧，大大节省了空间，使用起来也更加灵活、方便。

02 一进门地面下的拴马桩毛猴景观。

03 楼梯从原来房间的最里侧挪到了进门右手边，释放了原有楼梯所占用的 4 米层高的空间，最大限度地避免了层高差造成的面积损失。改变楼梯位置后，楼板不再将一层和二层的窗户隔离开来。这样两层共三个窗户的光线，可以直接照到一层。

04 从床沿延伸出的沙发，为不大的空间增加了会客的功能。毛猴摆件形成的电视墙也成为这个毛猴之家独有的家装亮点。

05 二层设计师设置了客厅和卧室两大功能区。睡觉的床铺挪到 2 米层高的位置，定制的床铺让郭氏夫妇终于可以不用睡地板了。

06 二层新增的洗手间可以淋浴和如厕，二层生活区的功能更加完备，女主人起夜再也不用到楼下使用卫生间了。

12

导演 冯乐 于雷

时光天梯

19 平方米的百年老宅变身为五室两厅一厨一卫的小豪宅

北京西城区云居胡同 15 号院 /19 平方米的老宅 / 金阿姨一家五口

王希元　中国建筑科技集团筑邦设计院地产综合所所长

中国新锐室内设计师。毕业于哈尔滨工业大学建筑学院，获得建筑学、环境艺术设计双学士学位；国际建筑装饰设计双年展百名优秀设计师；北京市杰出中青年设计师；2015 年筑巢奖金奖获得者。他认为："设计，是每个人的影子，把人们的美好憧憬投射到现实中。"

代表作品：北京金融街利兹卡尔顿酒店，北京康莱德酒店、北京工体 A.Hotel 酒店、四川国际网球中心、山水文园样板间、国家核电技术公司总部办公楼。

四路通 B 区三段 23 号楼样板间精装修设计 08 户型

四路通 B 区三段 23 号楼样板间精装修设计 09 户型

四路通 B 区三段样板间精装修设计

四路通 B 区三段样板间精装修设计 E6 标准户型

01 墙皮脱落现象十分严重。

02 原本老两口居住的房子，最多的时候要住五口人。

03 位于整栋楼一层的最东边，是一个只有 19 平方米的大开间。

04 在没有顶的露天厨房里做饭，下雨天做饭非常不便。

05 淋浴间没有门，缺少私密空间。

委托人金阿姨住在北京市西城区云居胡同 15 号院，这是一栋有着 130 年历史的二层楼房，委托人一家五口住在一层最东侧 19 平方米的老房子里，而人均居住面积不足 4 平方米。

虽然是楼房，但屋内没有卫生间，与平房没有差别。虽然前些年自来水已经入户，但每到冬天水管就会冻住，只能去院外的公用水管接水。最难忍受的是由于房子太小，厨房被放到走廊过道，为了不挡邻居的采光，这个厨房没有房顶，也就是说这是一个露天厨房！节目拍摄期正值北京冬天，温度降至 - 20 摄氏度，金阿姨做饭时要穿上棉衣戴上帽子。在每次做饭之后，为了防冻，老两口还要把煤气罐搬到房间里。每天搬进搬出，这样的动作持续了快 30 年。更令人苦恼的是，刮风下雨时，在露天厨房里做饭，即使简单的西红柿炒鸡蛋，也至少要炒上 20 分钟。

迎接这个挑战的是 80 后新锐设计师王希元，这位年轻的设计师，面对这间 130 年的老楼，提出了若干个令人匪夷所思的设计亮点。他决心把这间仅有 19 平方米的小屋改造成五室两厅的小别墅。如何把一个人均面积不足 4 平方米的房子变成一个拥有五个房间且又功能齐备的现代化房子，设计师遭遇了职业生涯中最艰难的挑战。

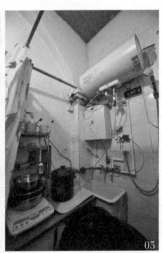

◆ 空间问题清单

（1）空间狭窄，人的行动受阻。

（2）潮湿、墙皮脱落现象十分严重。

（3）房子年久失修，鼠患严重。

（4）严寒致使水管冻住，只能到院子接水使用。

（5）19平方米要住5口人，空间狭窄。

（6）孩子没有地方学习。

（7）露天厨房做饭难，料理台狭小。

（8）做饭需要来回搬煤气罐。

（9）淋浴间没有门，缺少私密空间。

（10）房间里只有一张床，一家五口缺少睡觉的地方。

（11）屋内没有卫生间，一家人只能使用胡同里的公共卫生间。

百年老宅，危机重重，开工当天就遭遇危机

拥有130年历史的房子，在改造过程中势必会出现很多问题，虽然设计师对此早有心理准备，但他也不曾料到房子在开工的第一天意外就发生了。在墙皮铲除之后，老房子的砖墙暴露了出来，砖的规格有大有小、有薄有厚，而且砌墙的方法也非常不规矩，墙的表面凹凸不平，黏土的黏合力已经完全丧失。这让设计师和施工队都大为震惊，原来户主一家住在一个随时有崩塌危险的房子里。本着对户主和整栋楼负责的态度，工人们将房子的所有墙面全部固定上钢筋网片，然后在网片上抹上混凝土，这样规格不同且已失去结构作用的砖被牢牢地固定在了一起，大大提升了整个房子的安全性。

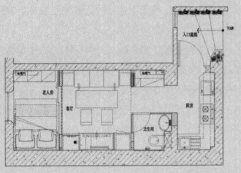

一层平面图（柜子关闭模式）

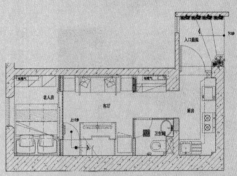

一层平面图（柜子打开模式）

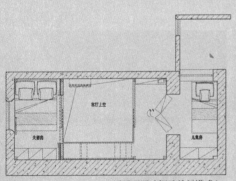

二层平面图（柜子关闭模式）

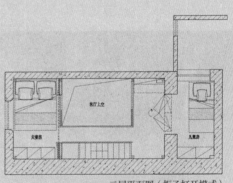

二层平面图（柜子打开模式）

设计师研发了多项新式装置，来解决空间难题

　　为金阿姨一家打造的暖暖的新家终于施工完成了。金阿姨家的露天厨房不见了踪迹，取而代之的是一个下沉式的小庭院。原本十分狭小的 19 平方米空间变身为五室两厅一厨一卫。设计师拆除了金阿姨家的露天厨房，将原本拥堵的区域改造成一个半开放的下沉式小庭院。

　　走进大门，原本昏暗的多功能走廊改造成一个功能齐备的现代化厨房。洗菜、切菜、烧菜等一系列动作可以在这里一站式解决。重新铺就的自来水管，埋入地下的距离更深，冬天水管冻住的情况再也不会发生。整个厨房的料理台面长度有 4 米，是原有台面的 2.5 倍，放不下大砧板、切菜时菜叶四处乱飞的情景再也不会上演。

01 设计师为金阿姨一家精心设计的入口门牌。

02 入口处的小盆栽和整面墙的青翠绿竹,让即将迈进家门的人心情大好。

03 功能齐备的现代化厨房。

04 卫生间和整个一层的地面使用同一种石材,而玻璃材质的卫生间墙体,在保证通透性的同时,也实现了空间视觉上的完整性。

05 出于安全考虑,如果楼梯上有人或其他物品,柜子就会自动停止关闭的动作。这样如果有人在使用楼梯,一旦其他人误碰开关,也不会有人被挤伤的危险。

改造后的 19 平方米空间分成了上下两层，一层是客厅和老两口的卧室。整个房子的中庭采用挑空设计，空间更加开阔，避免了将整个房子隔成两层的压抑感，人在中间活动时感觉非常舒适。

设计师将电视柜与楼梯进行了完美的结合。一个可以摆下冰箱、放下电视机且有储物功能的柜子后边暗藏玄机，通过启动无线装置，柜子开始离开紧贴的墙面，原本隐形的楼梯露出了"庐山真面目"。楼梯与柜体结合的设计，最大限度地节约了空间，使得房间的宽度节省了 60 厘米，这样既保证了坐在沙发上可以舒适地看电视，又找到了楼梯的摆放位置。

01

01 通电雾化玻璃的使用，比实体墙面更少地占用空间，既使整个房间明亮通透，又为使用者提供了一定的私密空间。

02 设计师研发了多功能沙发餐桌。会客时，这是一个中式风格的沙发，而用餐时就变成一个可容纳八人的餐桌。

沿着隐藏式楼梯来到二层，这里划分为三个空间：女儿女婿的卧室、外孙的学习区和儿童房。上小学的牛牛有了自己的学习区，再也不用在高度不合适的小饭桌上写作业了。可移动拉伸的书柜将儿童房和书房进行了很好的区隔。儿童房内新增的窗户，保证了良好的采光和通风，同时可将门口的绿色景观尽收眼底。

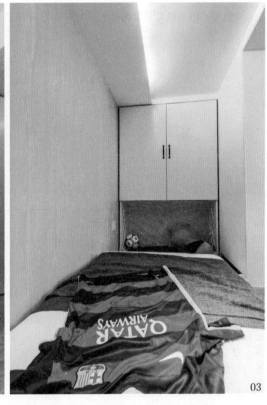

01 二层的过道将父母的房间与儿童房完全区隔开来，形成了两个独立的区域，保证了私密性。

02 写字台同时也是梳妆台，复合型家具在迷你户型中运用得恰到好处。

03 利用"时间差"的概念，白天将床垫翻起，房间即变成了活动室。

图书在版编目（CIP）数据

暖暖的新家：小户型的设计挑战．／《暖暖的新
家》栏目组编．-- 南京：江苏凤凰科学技术出版社，
2018.1

　　ISBN 978-7-5537-5083-5

　　Ⅰ．①暖… Ⅱ．①暖… Ⅲ．①住宅－室内装饰设计
Ⅳ．① TU241.02

　　中国版本图书馆 CIP 数据核字 (2017) 第 216891 号

暖暖的新家：小户型的设计挑战

编　　　者	《暖暖的新家》栏目组	
项 目 策 划	凤凰空间／刘立颖	
责 任 编 辑	刘屹立　赵　研	
特 约 编 辑	刘立颖	

出 版 发 行	江苏凤凰科学技术出版社
出版社地址	南京市湖南路1号A楼，邮编：210009
出版社网址	http://www.pspress.cn
总 经 销	天津凤凰空间文化传媒有限公司
总经销网址	http://www.ifengspace.cn
印　　　刷	北京博海升彩色印刷有限公司

开　　　本	710 mm×1000 mm　1/16
印　　　张	8.5
字　　　数	96 000
版　　　次	2018年1月第1版
印　　　次	2023年3月第2次印刷

标 准 书 号	ISBN 978-7-5537-5083-5
定　　　价	49.80元

图书如有印装质量问题，可随时向销售部调换（电话：022-87893668）。